基于智能算法的计算机辅助选择装配技术

刘向勇　著

重庆大学出版社

内容提要

本著作重点讲解计算机辅助选择装配技术理论基础原理、数学模型构建、装配质量指标体系建立、智能优化算法应用等,同时给出了四个计算机辅助装配技术应用案例。本书具有较强的创新性,可作为高校科研机构等相关研究人员的参考用书,也可作为从事生产、工程等领域的企业相关工艺人员制订装配包装方案时参考使用。

图书在版编目(CIP)数据

基于智能算法的计算机辅助选择装配技术/刘向勇著. —重庆:重庆大学出版社,2021.7
ISBN 978-7-5689-2473-3

Ⅰ.①基… Ⅱ.①刘… Ⅲ.①计算机辅助设计—中等专业学校—教材②计算机辅助制造—中等专业学校—教材Ⅳ.①TP391.7

中国版本图书馆 CIP 数据核字(2020)第 192593 号

基于智能算法的计算机辅助选择装配技术
刘向勇 著
责任编辑:周 立 版式设计:周 立
责任校对:刘志刚 责任印制:张 策
*
重庆大学出版社出版发行
出版人:饶邦华
社址:重庆市沙坪坝区大学城西路 21 号
邮编:401331
电话:(023) 88617190 88617185(中小学)
传真:(023) 88617186 88617166
网址:http://www.cqup.com.cn
邮箱:fxk@cqup.com.cn (营销中心)
全国新华书店经销
重庆市国丰印务有限责任公司印刷
*
开本:787mm×1092mm 1/16 印张:6.5 字数:141 千
2021 年 7 月第 1 版 2021 年 7 月第 1 次印刷
印数:1—1 000
ISBN 978-7-5689-2473-3 定价:49.50 元

前 言

计算机辅助选择装配(CASA)是一种新技术,是随着计算机技术、大数据技术、智能优化算法等先进技术的不断进步而发展起来的。CASA 是利用计算机对待装配的零件按规定的技术准则和经济准则进行统筹规划(利用智能优化算法),从而减少零件的剩余量,提高产品的装配精度,即利用软件的方式来改善产品的装配质量。

作者从 2003 年入读吉林大学硕士研究生即开始从事计算机辅助选择装配技术研究,经过三年的理论研究,在导师徐知行教授的悉心指导下,于 2006 年圆满完成毕业论文《计算机辅助选择装配的算法研究》,并收录于中国优秀硕士学位论文全文数据库。截止专著出版前十余年,作者在该领域不断深入研究,先后公开发表多篇研究论文,结合工作实际,尝试将计算机辅助装配技术应用于各个领域。

本著作重点讲解计算机辅助选择装配技术理论基础原理、数学模型构建、装配质量指标体系建立、智能优化算法应用等,同时给出了四个计算机辅助装配技术应用案例。本书具有较强的创新性,可作为高校、科研机构等相关研究人员的参考用书,也可作为从事生产、工程等领域的企业相关工艺人员制订装配包装方案时参考使用。

本著作研究过程得到吉林大学徐知行教授积极指导,华南理工大学博士、国务院特贴专家、国家级技能大师魏海翔教授进行了审阅,国务院特贴专家、信息领域世赛冠军梁嘉伟副教授协助完成算法实现。还得到了该领域相关研究人员的大力支持和帮助,并提出了许多宝贵意见,在此一并致以衷心感谢!

由于水平有限,错误和不妥之处在所难免,敬请各位同行专家批评指正。

中山市技师学院　刘向勇

2021 年 1 月

目 录

绪 论

装配是指按规定的技术要求，将零件或部件进行配合和连接，使之成为半成品或成品的工艺过程（《机械制造工艺基本术语》（GB/T 4863—2008））。装配是制造流程中最后决定产品质量的重要一环。简单产品可直接由零件装配而成，复杂产品一般先由零件装配成部件（部件装配），然后将若干部件和零件装配成产品（总装配），如图 1-1 所示。

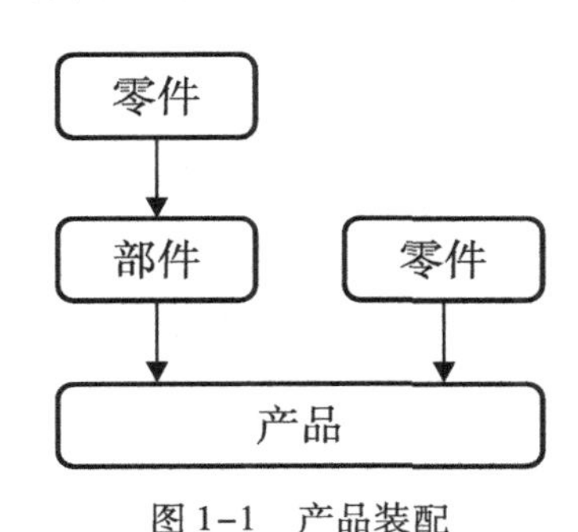

图 1-1　产品装配

1.1　引言

根据有关统计，在产品的生产过程中，大约 1/3 的人力及产品生产制造总工时的 40% ~60% 被用于产品的装配过程，装配成本占总生产成本的 50% 左右。在计算机辅助技术中，单个零件的设计、生产制造、生产管理等都已实现了自动化、集成化。但是，产品装配过程由于与人的知识与经验密切关联，在其自动化研究上相对滞后于产品设计的发展。从目前的技术发展来看，要想实现整个产品制造过程的集成和优化的目标，产品的装配设计和装配生产也必须实现自动化、集成化。

随着科技的不断发展，生活水平的不断提高，人们对产品质量要求越来越高。尤其是外部结构件之间的配合，直接影响着产品的档次。如何提高产品装配质量，是目前学者研究的重点课题。

首先应从产品设计源头进行控制，工程师在设计产品时，应考虑产品制造时装配工艺，即面向装配的设计（Design for Assembly，DFA）。面向装配的设计（DFA）是指在产品设计阶段关注产品的可装配性，确保装配工序简单、装配效率高、装配质量高、装配不良率低和装配成本低。面向装配的设计（DFA）是并行工程的关键技术之一，其出发点是在产品的设计阶段考虑并解决装配过程中可能存在的问题。主要包含以下几方面的内容：自顶向下的产品设计；产品装配结构和装配性能的分析；数字化预装配；产品的装配序列规划；装配公差综合与分析；机构运动综合与分析。其中公差分析与综合是实现计算机辅助设计(CAD)/计算机辅助工艺规程编制(CAPP)/计算机辅助制造(CAM)信息流集成的重要环节。计算机辅助公差设计是DFA重要内容，该技术已经成为国际国内学术界研究的热门技术之一。从1988年开始，美国机械工程师学会(ASME)每年的设计自动化年会都设有专门的设计公差专题；国际生产工程学会(CIRP)从1989年起每两年都召开一次全球性计算机辅助公差设计专题讨论会。世界上很多国家如法国、英国、加拿大、德国、日本等在公差设计方面的研究也投入了大量的物力人力。在国内，很多专家都曾指出计算机辅助公差设计在CAD/CAM集成中的重要性，杨叔子院士曾指出："公差设计在机械产品设计中占有重要的地位，但是公差分析和设计的研究远远落后于CAD、CAPP、CAM等自身的研究，使其无法与CAD/CAM的集成、CIMS的发展相适应，从而成为制约他们发展的一大关键所在。"由此可见，计算机辅助公差设计已经成为影响设计和制造信息集成的瓶颈技术，是先进制造技术中急需解决的问题。

DFA能够在一定程度上提升产品质量，另外零部件加工精度、部件装配及总装配精度、装配工人的技术水平等，都直接影响产品的质量。尤其是产品的装配工艺，好的装配组织形式和装配方法，能够极大提高装配精度，从而提升整体产品质量。

1.2 装配组织形式

装配组织形式可分为固定式装配和移动式装配，如图1-2所示。

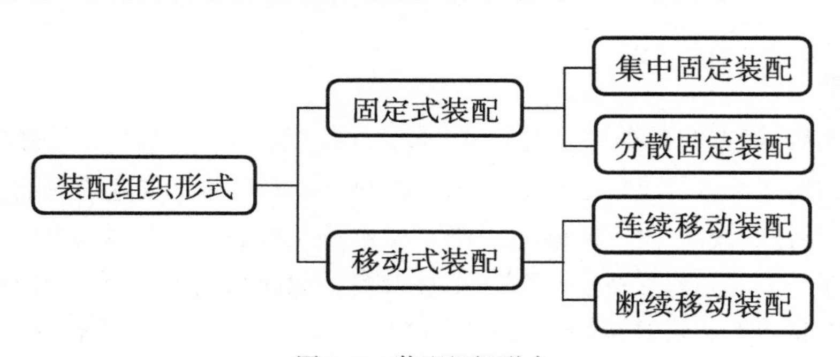

图1-2　装配组织形式

固定式装配是将产品固定在某一工作地进行装配，可分为集中固定装配和分散固定装配两种。所谓集中固定装配是指部件装配和总装配均由一个工人或一组工人在同一个工作地完成。集中固定装配对工人节能整体要求较高，装配周期比较长，一般适于装配精度较高的单件小批量或新产品试制。分散固定装配一般是把产品制造过程分为部件装配和总装配，分配给若干个人或小组以平行作业形式完成。分散固定装配生产周期短、效率高，多用于成品生产或较复杂的大型机器的装配。

移动式装配是指装配过程中产品在装配线上移动，可分为连续移动装配和断续移动装配两种。连续移动装配是指装配工人边工作边随装配线走动，一个工位的装配工作完成后立即返回原地。断续移动装配是指装配线每隔一定时间往前移动一步，将装配对象带到下一工位。断续移动装配效率高、周期短，一般用于大批量生产装配流水线和自动线。

1.3 装配质量判定

产品的质量是以产品的工作性能、使用效果、精度和寿命等综合指标来评定的，主要取决于产品结构设计的正确性、零件的加工质量（包括材料和热处理）、以及产品的装配精度。正确地规定部件和组件等的装配精度要求，是产品设计的一个重要环节。装配精度的要求既影响产品的质量又影响产品制造的经济性，因而它是确定零件精度要求和制定装配工艺措施的一个重要依据，装配精度是衡量生产好坏的一个重要指标。

装配精度指产品装配后几何参数实际达到的精度，指配合表面间的配合质量和接触质量。装配精度主要包括：零部件间的尺寸精度（包括配合精度和距离精度）、相对运动精度、相互位置精度、接触精度，如图 1-3 所示。尺寸精度是指装配后零部件间应保证的距离和间隙。位置精度是指装配后零部件间应保证的平行度、垂直度等。运动精度是指装配后有相对运动的零部件在运动方向和运动准确性上应保证的要求。接触精度是指两配合表面、接触表面和连接表面间达到规定的接触面积和接触点分布的要求。

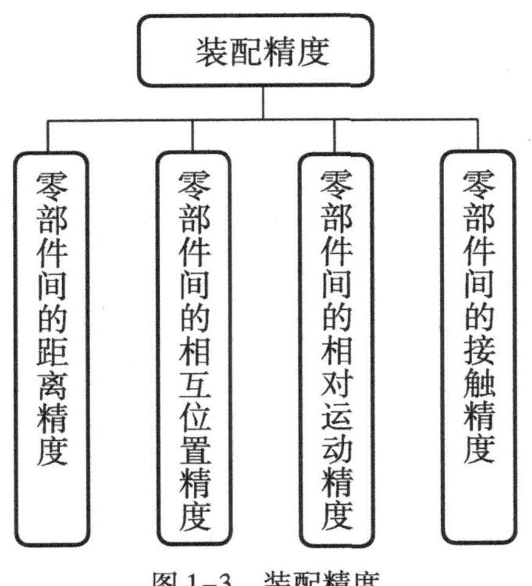

图 1-3　装配精度

影响装配精度的因素有：零件的加工精度、零件之间的配合要求和接触质量、零件的变形、旋转零件的不平衡、装配工人技术等。虽然零件的精度特别是关键零件的精度直接影响相应的装配精度，但装配精度并不完全取决于零件的加工精度。当零件精度不高时，可在装配时采取合适的装配方法，能够减小零件的累积误差，可获得高精度的装配产品。

部件既然是由零件装配而成的，那么，装配精度的保证就应以零件的加工质量作为基础。一般情况则是，装配精度与被装配零件的精度有关。这时，就应合理地规定和控制这些有关零件的制造精度，使它们的误差累积起来仍能满足装配精度的要求。但是，对于某些装配精度项目来说，如果完全由有关零件的制造精度来直接保证，则它们的制造精度都将很高，给加工带来很大困难。这时常按经济加工精度来确定零件的精度要求，使之易于加工，而在装配时则采用一定的工艺措施保证装配精度。这样做虽然增加了装配劳动量和装配成本，但从整个产品制造来说，仍是经济可行的。

1.4 传统装配方法

装配过程中，传统的保证装配精度的装配方法有完全互换装配法、大数互换装配法、选择装配法、调整装配法、修配装配法等，这些方法各有其适用场合，如表 1-1 所示。

表 1-1 各装配方法适用的范围

装配方法	适用生产类型	尺寸链环数	装配精度要求
完全互换法	大批量	少	高
		多	不高
大数互换法	中批以上	多	较高
选择装配法	大批量	三个	高
调整装配法	成批以上	多	高
修配装配法	单件小批	多	高

1. 完全互换装配法

完全互换装配法是指在产品装配中各组成环不需挑选，不需改变其大小或位置，即能达到装配精度的要求。完全互换装配法主要用于组成环数少、装配精度高，或组成环虽较多，但对装配精度要求不高的生产类型。

完全互换装配法的优点：装配操作简单、容易，对工人水平要求不高，装配生产率高，装配时间定额稳定，易于组织装配流水线和自动线，方便企业间的协作和用户维修。

完全互换装配法的缺点：对零件的加工精度要求高，加工成本较高，尤其是封闭环公差较小、组成环数目较多时更是如此，有时零件公差很小，用一般加工方法难以保证。

2. 大数互换装配法

大数互换装配法是指在产品装配过程中，多数产品各组成环不需挑选，不需改变其大小或位置，即能达到装配精度要求。大数互换装配法适用于装配尺寸链组成环数多，且对装配精度要求较高的情况。

大数互换装配法的优点：具有完全互换法的全部优点，还能使零件的加工难度降低，从而降低了加工成本。

大数互换装配法的缺点：需要对组成环的尺寸做统计，得出分布规律，可能会出现少量不合格产品，需要进行安排处理。

3. 选配(选择装配)法

选配(选择装配)法是将配合副中各零件的制造公差放宽到经济可行的程度,选择合适的零件进行装配,以达到规定的装配精度要求,选配法的实质在于各组成环误差互相补偿。根据选配形式的不同选配法分为直接选配法、分组选配法以及复合选配法等。

(1)直接选配法的装配过程是由工人直接从许多待装零件中凭经验选择一个零件装上,再检测是否达到装配精度要求。直接选配法的装配精度主要取决于工人的技术水平,装配的周期较长而且不稳定,不适用大批量生产的流水线装配。

(2)分组选配法是将组成环的公差放大 N 倍,然后将加工后的零件按实测尺寸大小分成 N 组,按对应组进行装配,这样大的配大的,小的配小的,照样能达到装配精度要求。分组选配法是将各组成环按其实际尺寸大小分为若干组,各对应组进行装配,使各组零件具有互换性。分组选配法只适用于大批量生产中,对装配精度要求高、环数少的场合。

(3)复合选配法是上述两种方法的结合,即零件先分组,再在组内选配。复合选配法虽然在不断增加分组的情况下能提高装配精度,但装配精度仍取决于工人的技术水平,且装配时间不稳定。总之,选配法只适用于组成环数少,生产规模大,装配精度要求高的产品,这种方法互换性差,生产组织复杂,应用受到限制。

4. 调整装配法

调整装配法是靠改变调整件的尺寸或位置来满足封闭环装配精度。误差抵消调整法是在装配过程中调整组成环误差的方向,使其误差得以正负抵消或转移到对装配精度影响不大的方向上,以获得较高的装配精度的方法。调整装配法的缺点是:多用了一个调整件,增加了机械加工工作量和调整工作量,尤其是调整件分组数多时,机械加工和管理工作量更大。

5. 修配装配法

修配装配法是根据实际测量的结果,用去掉多余金属的办法,改变尺寸链中某一预定组成环(即补偿环)的尺寸,以保证装配精度。修配法适用于多环尺寸链,装配精度要求高的成批和单个生产的产品。修配装配法的缺点是:零件不能互换,从而增加了测量和现场修配的工作量,需要技术熟练的工人,生产效率较低,也没有一定的节拍,难于组织流水装配,只能用于单件或小批量生产。

选择装配方法的一般原则:

(1)在大批量生产中,为满足生产率、经济性、维修方便和互换性要求,优先选择完全互换法。

(2)装配精度不太高,而组成环数目多,生产节奏不严格可选用不完全互换法。

(3)大批量生产的少环高精度装配,则考虑采用选配法。

(4)单件小批量生产,装配精度要求高,用以上方法使零件加工困难时,可选用修配法或调整法。

1.5 装配方法改进

针对传统装配方法存在的缺点,国内外都在寻求更好的方法,并已取得进展。所研究的新方法的核心是把计算机用于装配过程,开发适用的应用软件,在各零件按经济加工精度制造的情况下,通过计算机选择合适的零件进行匹配,从而实现较少的剩余零件,获得稳定的高装配精度。这种方法可利用计算机快速完成大量复杂计算的特点,完成靠人工无法完成的数据组合匹配工作。现代设计的产品精度非常高,而现有的工艺能力有限,如何提高产品的装配精度以及提高产品性能已经成为产品设计与装配制造中一个非常重要的课题,计算机辅助选择装配(Computer Aided Selective Assembly—CASA)技术为此提供了一条解决问题的较优途径。

随着大数据、云计算技术的成熟完善,使用计算机辅助选择装配(CASA)新装配工艺技术得以实现。计算机辅助选择装配(CASA)技术的适用范围非常广,不仅限于在机械产品方面的应用,凡是由多个零部件组成的机电类产品的生产过程中都可以应用。机械产品用什么方法装配才能达到规定的装配精度,怎样以较低的零件剩余量和最小的装配劳动量来达到装配精度,这是装配工艺的核心问题。计算机辅助选择装配(CASA)技术的应用,有利于提高装配的精度,减少零件剩余,降低产品成本,因而具有重要的应用价值。

第 2 章
计算机辅助选择装配技术

随着计算机软硬件技术不断发展，以及物联网技术、大数据技术、云计算技术、人工智能技术等新技术的不断涌现，将计算机等新技术用于产品生产全生命周期成为制造业升级改造的关键要素，CAD、CAPP、CAM 等技术已经成为制造业不可或缺的工作流程。根据《机械制造工艺基本术语》(GB/T 4863—2008)定义，计算机辅助设计(Computer Aided Design,CAD)是指通过向计算机输入设计资料，由计算机自动地编制程序、优化设计方案并绘制产品或零件图的过程。计算机辅助工艺规程编制(Computer Aided Process Planning,CAPP)是指通过向计算机输入被加工零件的原始数据、加工条件和加工要求，由计算机自动地进行编码、编程直至最后输出经过优化的工艺规程卡片的过程。计算机辅助制造(Computer Aided Manufacturing,CAM)是利用计算机分级结构将产品的设计信息自动地转换成制造信息，以控制产品的加工、装配、检验、试验、包装等全过程以及与这些过程有关的全部物流系统和初步的生产调度。

2.1 计算机辅助选择装配的基本概念

机械产品用什么装配方法来达到规定的装配精度、怎样以较低的零件精度和最小的装配劳动量来达到装配精度，是装配工艺的核心问题。实践中广泛使用的直接选配法需要操作者凭感觉和经验来逐一试配挑选，不仅效率低，而且常常得不到科学的保证，有时甚至无法进行装配(如过盈配合要求)。而分组选配法为了保证各组的配合情况都符合原精度要求，对两配合件的公差范围要求相等，这对加工工艺而言是不合理的。实际加工中相配尺寸的分布规律不一定按正态分布，这就会产生相当数量的不配套零件。

计算机辅助选择装(Computer Aided Selective Assembly,CASA)是指装配尺寸链中各组成环尺寸均按经济加工精度制造，加工后逐一进行测量，并放入相应的零件库内，利用计算机将待装配的零件按规定的技术准则和经济准则进行统筹规划，使装配件具有较高的精度。计算机辅助选择装配(CASA)是面向装配设计(DFA)的一项重要内容，其有利于缩短产品的开发周期。同时计算机辅助选择装配(CASA)是计算机辅助制造(CAM)的重要一环，能够极大提高产品质量，减少零件的剩余量，从而节约成本，提升竞争力。

计算机辅助选择装配(CASA)一词在国内最早是由深圳大学廖秉训教授于1996年提出的,是一种提高机械产品装配精度的新方法。2003年,作者在吉林大学攻读研究生期间,作为徐知行教授科研团队成员,致力于研究计算机辅助选择装配(CASA)技术,经过十余年系统的深入研究和实践,形成了一套理论体系和指导方法。

采用计算机辅助选择装配(CASA)方法,可以使按正常生产条件下加工出来的零件,装配后得到较高的装配精度,提高产品质量,降低生产成本。计算机辅助选择装配(CASA)是个多参数、大样本系统、多目标优化问题,进行选择装配时,通常选定某一组成环的偏差,然后从其他组成环中挑选合适的偏差与之搭配,完成装配工作。将各装配环的偏差按正负值由小到大排序,然后按一定环序采用遍历搜索的方法,实现待装配偏差与所有装配偏差的配合,从中找出所有合格的装配。再按一定评定准则从所有合格装配中找出最优装配作为该偏差的装配方案,完成该偏差的装配工作。

计算机辅助选择装配(CASA)的目的是提高装配精度和零件的利用率,降低产品废品量。也就是提供选择装配,使得封闭环的公差达到设计的要求,满足产品高质量设计要求,从而增加经济效益。选配时限制封闭环的偏差在规定的较小范围内变动,封闭环的偏差是计算机辅助选择装配系统的开发依据,也就是优化的目标。选择装配是用低精度零件达到高精度装配的一种方法,现有的选配工作缺乏物理过程模型来同时指导装配零件的设计和工艺,因此,选择装配常常被工艺人员所忽视。

计算机辅助选择装配(CASA)技术从数学角度来看,就是从数据库中按一定的要求和规则寻找选择合适的数对,选择过程是数字的不停比较与运算过程。因此,计算机辅助选择装配(CASA)是一门交叉学科,涉及机械、数学、计算机、检测等多个学科知识。随着物联网技术、人工智能技术、大数据、云计算等计算机相关技术的突飞猛进,使计算机辅助选择装配(CASA)在技术层面得以实现。利用传感器技术实时测量零部件的实际尺寸,将检测的数据自动送入计算机数据库,基于智能优化算法按照不同的装配要求和装配规则开发相应的应用软件,对检测数据进行分析处理,快速准确导出一张装配零件的选配单,将各零部件进行编号,装配工人按照编号进行装配,即可得到最大的装配率和最优的装配精度。同时在个性化定制生产已经进入到日常生活的今天,个性化小批量产品成为市场主流,人们对产品的质量和个性化要求越来越高,对产品价格(生产成本决定)不再过多关注。这使利用计算机辅助选择装配(CASA)技术提高产品质量在经济层面能够实现。

2.2 计算机辅助选择装配的结构组成

计算机辅助选择装配系统(Computer Aided Selective Assembly System,CASAS)是基于计算机辅助装配技术开发的包含软硬件在内的控制系统,计算机辅助选择装配系统以零件、部件尺寸信息为输入,以装配工艺系统图为约束,在计算机系统(集成智能优化算法)

的支持下，生成最优装配方案（即零部件选配指引），模型如图 2-1 所示。

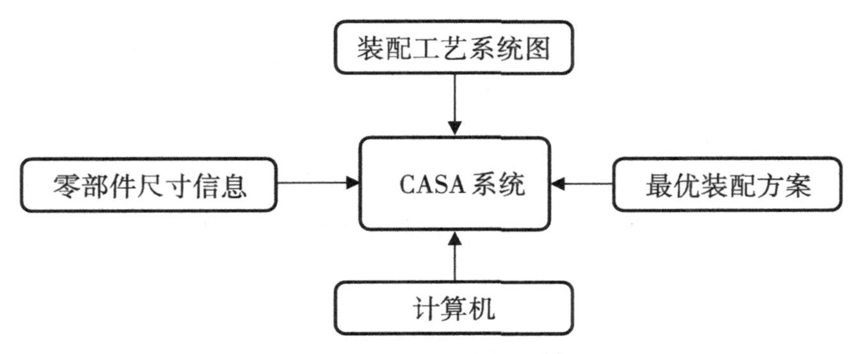

图 2-1　计算机辅助选择装配系统模型

计算机辅助选择装配系统种类可以有多种，但是其基本结构相同，都是由感知层、存储层、传输层、处理层、应用层五部分组成，如图 2-2 所示。

图 2-2　计算机辅助选择装配系统结构

1. 感知层

感知层是零件尺寸检测平台（下位机），利用传感器，以及外围辅助电子设备，对零部件进行检测，精确测量出零部件装配尺寸，尤其是要精准测出装配尺寸偏差。感知层硬件结构如图 2-3 所示。感知层是整个计算机辅助选择装配系统中最重要的一环，后面的步骤都是基于本层所测量出的数据，如果尺寸测量不准确，也即整个装配系统是建立在误差之上，那么后续步骤将毫无意义。因此，此环节所用硬件系统精度一定要非常高，而且要定期进行检查。硬件结构上，感知层一般是与整个计算机辅助选择装配系统（CASAS）分开的。零件尺寸测量一般是零件生产厂商来完成，然后将零件编号信息和数据存储器交付予装配厂商。当然，感知层也可以由人工完成，即由人工进行零件尺寸测量，再将测得的数据输入计算机进行存储。

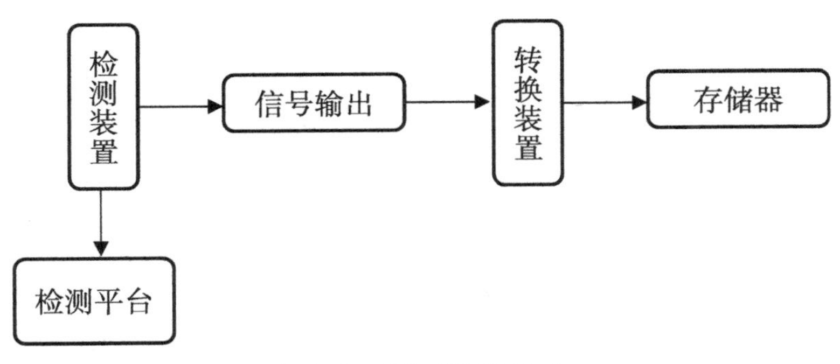

图 2-3　感知层硬件组成

2. 存储层

存储层即数据库系统,用来存储、管理测得的零部件尺寸数据和编码信息,是一个动态数据库。存储层应该拥有高安全性能,应该有备份措施,预防数据丢失。随着云技术不断发展,存储层数据可存入云端。目前云存储的主要分为公有云、私有云和混合云。公有云通常指第三方提供商为用户提供的能够使用的云,公有云一般可通过互联网使用。私有云可部署在企业数据中心的防火墙内,也可以将它们部署在一个安全的主机托管场所,私有云的核心属性是专有资源。

3. 传输层

传输层是用来将数据从存储器传输给处理器,可分为有线传输和无线传输。有线传输可使用双绞线、485 通信线等传输介质。无线传输是通过电磁波作为传输介质,常见的无线传输方式分为两种:“短距离无线通信技术”和“远距离无线传输技术”。短距离无线通信标准有:Zig-Bee、蓝牙(Bluetooth)、无线宽带(Wi-Fi)、超宽带(UWB)和近场通信(NFC)。远距离无线传输技术主要有 GPRS/CDMA、数传电台、扩频微波、无线网桥及卫星通信、短波通信技术等。

4. 处理层

处理层是计算机辅助选择装配系统关键部分,包含数据处理硬件和软件部分(上位机)。为了更加快速找到最优的装配方案,处理层均基于智能优化算法进行数据处理,确保整批产品装配链偏差均匀。智能优化算法是人们受自然(生物界)规律的启迪,根据其原理,模仿求解问题的算法。具体智能算法将在后面章节进行详细讲解。

5. 应用层

应用层是系统与用户之间的交互界面,实现信息输入与输出,人机交互等功能。应用层界面一般要求简洁大方,简单易懂,拥有友好的交互方式,良好的显示处理方式等。应用层确保了计算机辅助选择装配系统可推广性。

2.3 计算机辅助选择装配的运行过程

计算机辅助选择装配(CASA)运行过程(见图 2-4)如下:由下位机精准测量待装配的全部零件尺寸(偏差),将测量数据存入动态数据库。上位机从数据库中先选定某一组成环的偏差,然后按利用软件处理规则从每一组成环剩余零件中挑选合适的零件偏差与之搭配,称之为寻优过程。循环此寻优过程,一步步寻找每一组成环合适的零件,完成装配环模拟匹配工作,形成产品最优装配方案。为了叙述方便,我们将选定的某一组成环的偏差称为待匹配偏差,而将与待匹配偏差对应的组成环称为待匹配环,其他组成环及偏差称为匹配环和匹配偏差。对于待匹配偏差,与匹配偏差构成的合格匹配可能很多,必须找出所有的合格匹配,然后按一定的规则择优完成匹配工作。而要想在批量的零件中找到所有的合格匹配,需要采用搜索遍历法。其过程是:将各匹配环的偏差按正负值由小到大排序放入动态数据库中,然后按照装配工艺中的环序,采用遍历搜索的方法,实现待匹配偏差与所有匹配偏差的匹配,从中找出所有合格匹配。然后按一定评定准则(综合考虑装配精度和装配率)从所有合格匹配中找出最优匹配作为该偏差的匹配方案,完成该偏差的匹配工作。

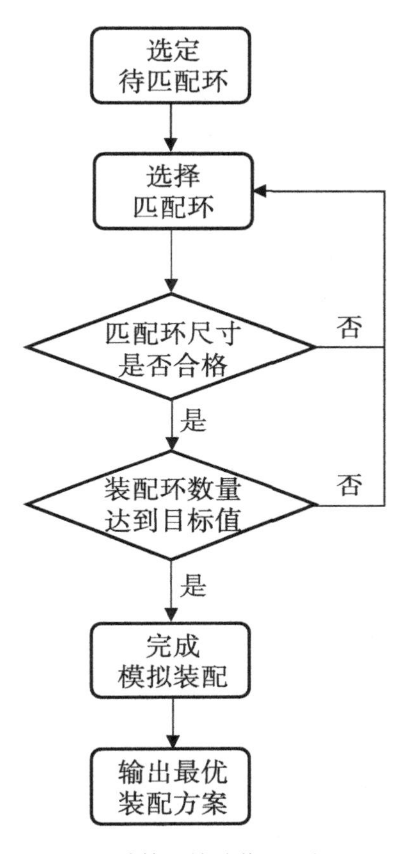

图 2-4　计算机辅助装配运行过程

要想找到最优的匹配方案,遍历搜索方法选择非常重要。在大批量生产组装情况下,工人穷举法显然不合适,需要耗费大量的时间和人力。如果在十万计以上的批量生产中,采用普通的计算机也难以完成级数级别增长的计算。因此,计算机辅助选择装配技术研究虽已有十余年,但是应用并不广泛。进入 21 世纪,随着计算机技术突飞式发展,人工智能技术、大数据技术、云计算技术、物联网技术等新技术的不断涌现,使计算机辅助选择装配遍历搜索能在较短时间迅速完成。遍历搜索的方法也不再是简单的穷举法,而是使用诸如模拟退火、遗传算法、禁忌搜索、神经网络、蚁群算法等优化算法,从而使装配精度大大提高,装配成本不断下降。

我们以单列向心球轴承径向游隙装配为案例,来说明实现计算机辅助选择装配(CASA)的方法与步骤,如图 2-5 所示,径向游隙 $U_r=D_2-D_1-2D_w$。根据《滚动轴承公差定义》(GB 419—2003)标准规定,径向游隙值如表 2-1 所示。

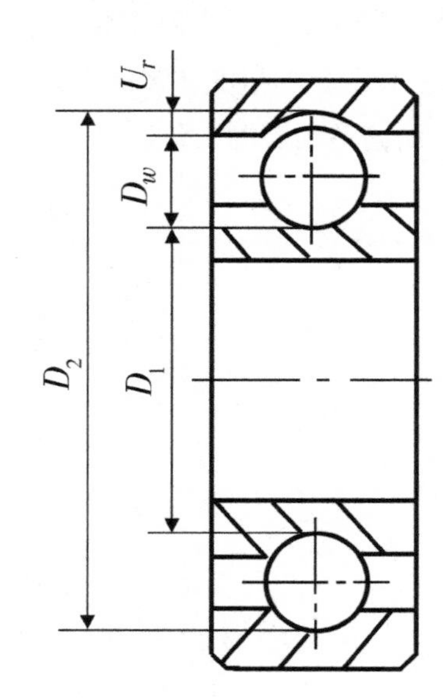

图 2-5　单列向心球轴承

表 2-1　径向游隙值

单位:μm

公称内径 d/mm		基本组		第 2 组		第 3 组		第 4 组		第 5 组	
超过	到	最小	最大	最小	最大	最小	最大	最小	最大	最小	最大
2.5	6	2	13	0	7	8	23	—	—	—	—
6	10	2	13	0	7	8	23	14	29	20	37
10	18	3	18	0	9	11	25	18	33	25	45
18	24	5	20	0	10	13	28	20	36	28	48
24	30	5	20	1	11	13	28	23	41	30	53
30	40	6	20	1	11	15	33	28	46	40	64
40	50	6	23	1	11	13	36	30	51	45	73

(1)使用检测平台测量出全部零件的(D_2,D_1)尺寸数据,并存入存储器动态数据库之中,以数组结构存储。通过传输端口将数据传输至上位机处理层软件,按规则进行计算择优选配。

(2)上位机软件对数据分析和处理过程。

①打开动态数据库,读取存放内、外环滚道尺寸的数据文件。

②对内、外环滚道尺寸按绝对值大小分别排序。注意:内、外环零件尺寸数据采用结构数组存放,以保证在优化选配中零件原始输入号与其尺寸值相对应,从而解决程序运行中使用的是排序号,而输出结果文件中存放的是输入序号。

③按径向游隙大小进行优化匹配,由上位机(计算机)处理软件自动挑选内、外环零件保证满足:$D_2-D_1-2D_w=U_r$。

具体步骤是:a. 选定滚珠直径 D_w,输入基本组的 U_r 值。b. 选取当前所剩内环零件中最小内环滚道尺寸为 D_1 计算值,并记下该零件输入序号(或外环零件中最小外环滚道尺寸为 D_2 计算尺寸)。c. 由剩下外环零件(或内环零件),按排序后递增顺序,挑选第一次满足上述等式的外环零件(或内环零件),并记下其输入序号。否则,按排序后的递增顺序,选下一个内环(或外环)为最小内环滚道计算尺寸 D_1,重复步骤③。d. 将刚挑选符合上述等式的内、外环零件序号写入输出结果文件,并从内存数组中删除该序号。e. 重复处理过程②。

程序运行终止条件:此批内、外环零件全部配对或内存数组中剩下的内、外环零件的配对皆不满足等式 $D_2-D_1-2D_w=U_r$。

(3)形成最优装配方案并打印,作为装配作业指导书。

计算机辅助选择装配技术是针对整批产品的整体统筹规划,希望得到的是整批产品装配质量均匀,而不是得到某几个高质量装配的产品。即根据各零件库中尺寸偏差的分布状态,找出最佳的组合方式,使大部分的封闭环尺寸都具有较小的偏差,而不是每次只选出一组零件使封闭环尺寸偏差最小。如果不做统筹选规划,开始只选择最优那个零件,后续将使零件库中剩余零件尺寸偏差分布越来越不易于组成较小的封闭环尺寸偏差,使装配精度不稳定,降低整批产品装配率。在整体统筹规划时,需要对各种可能的组合方式进行比较,以确定各种方式的优劣。

在计算机辅助选择装配技术出现初期,由于整批产品组合数太大,如果直接对全部待装配的零件进行组合,耗费较长时间,难以满足装配节拍的要求。因此,综合考虑组成环数和装配节拍,不对整批装配零件进行全部择优装配,而是从中抽取一部分作为样本。当然,采用多大的样本数作为样本,以及何种统筹规划算法才能装出尽可能多的优质品,是计算机辅助选择装配的关键。

计算机辅助选择装配技术一般是以封闭环相对偏差为装配质量评价指标,以统筹规划算法的运行时间、及装配系统图为约束条件,以组成环数、各组成环样本数、组成环尺寸偏差分布类型为试验对象,采用不同的统筹规划算法进行仿真装配试验,找到较优的装配方案。通过对各种仿真试验结果的评价和分析,找出组成环数和各组成环样本数与装配精度之间的定量关系、比较各种统筹规划算法的装配效果、组成环尺寸偏差分布类型的鲁棒性、以及统筹规划算法和组成环样本数的选择依据。

2.4 计算机辅助选择装配的分类方法

计算机辅助选择装配技术可应用在多个领域,不仅限于机械产品的装配,凡由多个零件、元器件、部件组合而成的机电类产品的生产过程都可应用,还可用于某些随机配料的材料类产品的生产过程,以及一些性能参数需匹配的产品。因此,计算机辅助选择装配(CASA)技术按照不同的分类方式可以有多种类型。

1. 按零件选取的容量分类

按零件选取的容量分为总体选配法和样本选配法。

所谓总体选配法就是对整批产品所有组成零件进行全部测量,将全部数据存于动态数据库,上位机处理软件对所有数据进行择优选配,形成一份针对整批产品的最优装配方案。总体选配法优点是能保证整批产品装配质量处于一个较高水平,缺点是耗费时间较长,当批量总数太大时,对上位机性能要求非常高,增加选配成本。因此,总体选配法一般用于小批量个性化定制的产品装配领域。

样本选配法是从整批产品中选取一些产品作为样本,对样本进行计算机辅助选择装配(CASA)。样本选配法的优点是数据处理较简单,所需时长较短,效率高。缺点是样本数量的选取不易判定,缺乏依据。同时也无法保证整批产品的装配质量。样本选配法主要应用于大批量生产、产品组成环较多的场合。

2. 按产品生产方式分类

按产品生产方式分为离散选配法和连续选配法。

所谓离散选配法是指零件尺寸测量环节和择优选配环节相分离,零件生产厂家(或工位)进行零件尺寸测量,将零件编号和对应尺寸输入存储器。然后随同零件一起发送给产品组装厂家(或工位),装配工人根据上位机导出的最优装配方案进行装配。

连续选配法是指零件生产、测量与产品组装是在统一时间、统一空间下完成的。此方法要求产品装配环中所有零件由统一厂家完成生产。

3. 按产品装配组成环数分类

按产品装配组成环数分为双装配环式选配法和多装配环式选配法。

双装配环产品指的是两个零件之间的配合。例如电梯层门组装,是两扇门板之间的配合;手机的前壳和后壳之间的配合;笔帽和笔杆之间的配合等。

多装配环指产品是由两个以上零件配合组装而成。

4. 按数据处理的智能优化算法进行分类

在大批量生产中,需要采用智能优化算法对测量的尺寸数据进行快速选配,可根据优化算法的不同进行分类。例如基于蚁群算法的计算机辅助选择装配、基于模拟退火算法的计算机辅助选择装配等。

2.5 计算机辅助选择装配的应用价值

1. 计算机辅助选择装配的效果评价

如何判定哪个类型的方法更有效呢? 即对不同类型的计算机辅助选择装配的效果进行评价。也即对不同的组成环数、不同的样本数、不同的尺寸偏差分布类型以及不同的统筹规划算法的装配效果进行比较。这就要求采用的评价指标应对不同条件下的装配情况有一致的表达式。吉林大学徐知行教授提出采用封闭环相对偏差为装配质量评价指标,即以封闭环偏差的绝对值与该装配尺寸链采用完全互换装配法的1/2封闭环公差之比来表示对理想装配位置的偏离,以组成环各偏差的频数与样本数之比来表示该偏差出现的多少。也就是说,采用相对偏差和相对频数对不同装配条件进行一致的表达。

在计算机辅助选择装配中,上位机智能优化算法是依据各种约束条件和判断准则对组成环进行选择,因此装配后的封闭环偏差不再服从正态分布,不能沿用$\pm3\sigma$带宽来评价装配质量,而应使所选装配的封存环偏差小于规定的目标偏差值。计算机辅助选择装配的仿真评价是采用相对偏差和相对频数来描述封闭环分布状况,采用满足目标偏差值要求的频数所占的百分比来判断智能优化算法、样本数等参数选择得是否正确。

在满足智能优化算法所需运行时间为约束条件的前提下评价智能优化算法的优劣,其主要依据是在不同的组成环偏差分布状态下满足目标偏差值要求的百分比来进行评价。在不同的组成环偏差分布类型条件下进行仿真装配试验,可检验所采用的智能优化算法在实际系统中的实用程度。

2. 计算机辅助选择装配的应用价值

使用计算机辅助选择装配技术,在各零件按经济精度制造的条件下,可望实现极小的零件剩余量,小于单个零件公差的封闭环公差,同时大大提高产品的装配质量,因此计算机辅助装配技术机械装配领域具有较高的实践应用价值。

(1)由于计算机辅助装配技术是以软件方式提高装配精度的,无需硬件方面的大量投资即可实现产品的高质量,缩短产品升级换代的生产周期,在市场竞争的环境下可为厂家抢先一步,赢得时间。

(2)计算机辅助选择装配技术具有对待装配零件进行统筹规划优化装配过程的功能,可以大幅度增加一级品率,相应地减少次品、废品率,同时可降低零件的精度要求,进一步降低产品的生产成本。

(3)计算机辅助选择装配技术不仅可以应用于机械领域,凡由多个零件、元器件、部件组合而成的生产过程都可以应用,还可以应用于某些随机配料的材料类产品的生产过程。

计算机辅助选择装配技术就是直接将零件的相关尺寸数据输入存储器内,由上位机依据智能优化算法开发的软件完成选择配对,装配工作不再依靠操作者的感觉和经验,可以有效降低对技术工人的要求条件,同时大大提高了工作效率。在组织管理工作上可以不再分组,也就可以去除由于分组而提出的公差相等的加工制造条件。计算机辅助选择装配过程中仍然会有若干不能配套而剩余下来,此时,只要改变一个装配精度要求的参数,就可最大限度的利用剩余件。另外如果要提高优质品的比率,在大量零件中选取一批装配精度高的互配件,也只要改变选配参数,即可实现。

总之，采用计算机辅助选择装配方法，在各组成环零件按经济加工精度制造的条件下，对各组成环偏差进行合理匹配，即可显著提高装配精度，也能使剩余零件最少，选择装配后的封闭环公差可达到按极值法计算所得封闭环公差的1/10。因此，计算机辅助选择装配方法具有较高的应用价值，当组成环数和零件数量较多时，虽然将会增加测量和存储所需的空间和成本，但是相对于每一个零件加工成本的降低及装配质量的提高所带来的经济效益来说，由于测量和存储所带来的成本增加是较小的，所以计算机辅助选择装配方法在经济上和技术上都是可行的。

目前，已经有较多的学者专家将计算机辅助装配技术应用于各个领域。邵锦文等为计算机辅助选择装配建立了基于质量损失的数学模型。如宋红滚等利用遗传算法对多质量特征的涡旋动定盘进行了计算机辅助选择装配，大幅度地提高涡旋盘装配体的整体性能，解决涡旋压缩机装配的部分实际问题。刘笃喜等为了提高航空精密偶件的装配精度，通过分析航空精密偶件的生产装配现状，提出了一种考虑形状误差的计算机辅助选择装配方法。宋文龙等提出一种基于多装配尺寸链的计算机辅助选择装配方法。刘建东进行了面向多尺寸链的计算机辅助选择装配模型研究。孙宗宸提出面向发动机装配的计算机辅助选配方法，并进行了系统开发。杨娟在面向无油涡旋空压机的计算机辅助零件选配研究方面提出自己的见解。吉林大学徐知行教授团队成员邢一磊将计算机辅助选择装配用于深沟球轴承装配，达到了良好效果，将传统的92%分组装配匹配率提升到95%以上。

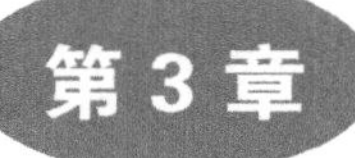

计算机辅助选择装配数学模型

根据计算机硬件、软件技术不断发展,以及智能优化算法的不断涌现,计算机辅助选择装配(CASA)数学模型也在不断改进。

3.1 调整封闭环偏差的选配系统数学模型

3.1.1 封闭环偏差的概念

通常所说的偏差为实际尺寸减去基本尺寸所得的代数差,即相对基本尺寸的偏差。通过对封闭环尺寸的研究得知,一般情况下,封闭环的中间尺寸为其理想尺寸,封闭环相对其中间尺寸的偏差大小更能反映装配质量,故引入封闭环相对其中间尺寸偏差的概念,用符号 $\Delta_{a0\mathrm{mid}}$ 表示,其公式如式(3-1)所示:

$$\Delta_{a0\mathrm{mid}} = A_{0a} - A_{0\mathrm{mid}} \tag{3-1}$$

式中:A_{0a}——封闭环的实际尺寸;

$A_{0\mathrm{mid}}$——封闭环的中间尺寸。

在本书的研究中,封闭环的偏差通常是指封闭环相对其中间尺寸的偏差。

3.1.2 封闭环偏差的计算

封闭环的实际尺寸等于所有增环的实际尺寸之和减去所有减环的实际尺寸之和,表示成公式如式(3-2)所示:

$$A_{0a} = \sum_{z=1}^{k} A_{za} - \sum_{j=k+1}^{n-1} A_{ja} \tag{3-2}$$

式中:A_{0a}——封闭环的实际尺寸;

A_{za}——增环的实际尺寸;

A_{ja}——减环的实际尺寸;

k——增环环数;

n——包括封闭环在内的总环数。

封闭环的中间尺寸等于所有增环的中间尺寸之和减去所有减环的中间尺寸之和,表示成公式如式(3-3)所示:

$$A_{0\mathrm{mid}}=\sum_{z=1}^{k}A_{z\mathrm{mid}}-\sum_{j=k+1}^{n-1}A_{j\mathrm{mid}} \tag{3-3}$$

式中：$A_{0\mathrm{mid}}$——封闭环的中间尺寸；

$A_{z\mathrm{mid}}$——增环的中间尺寸；

$A_{j\mathrm{mid}}$——减环的中间尺寸；

k、n——同上。

封闭环的偏差计算如下：

$$\begin{aligned}
\Delta_{a0\mathrm{mid}} &= A_{0a}-A_{0\mathrm{mid}}\\
&=\left(\sum_{z=1}^{k}A_{za}-\sum_{j=k+1}^{n-1}A_{ja}\right)-\left(\sum_{z=1}^{k}A_{z\mathrm{mid}}-\sum_{j=k+1}^{n-1}A_{j\mathrm{mid}}\right)\\
&=\left(\sum_{z=1}^{k}A_{za}-\sum_{z=1}^{k}A_{z\mathrm{mid}}\right)-\left(\sum_{j=k+1}^{n-1}A_{ja}-\sum_{j=k+1}^{n-1}A_{j\mathrm{mid}}\right)\\
&=\sum_{z=1}^{k}(A_{za}-A_{z\mathrm{mid}})-\sum_{j=k+1}^{n-1}(A_{ja}-A_{j\mathrm{mid}})\\
&=\sum_{z=1}^{k}\Delta_{az\mathrm{mid}}-\sum_{z=1}^{k}\Delta_{aj\mathrm{mid}}
\end{aligned}$$

式中：$\Delta_{az\mathrm{mid}}$——增环相对其中间尺寸的偏差，$\Delta_{az\mathrm{mid}}=A_{za}-A_{z\mathrm{mid}}$；

$\Delta_{aj\mathrm{mid}}$——减环相对其中间尺寸的偏差，$\Delta_{aj\mathrm{mid}}=A_{ja}-A_{j\mathrm{mid}}$。

由公式可知：封闭环相对其中间尺寸的偏差，等于所有增环相对其中间尺寸偏差的代数和减去所有减环相对其中间尺寸偏差的代数和。

上式可以简化为：$\Delta_{a0\mathrm{mid}}=\sum_{i=1}^{n-1}\Delta_{ai\mathrm{mid}}$ (3-4)

式中：$\Delta_{ai\mathrm{mid}}$——组成环相对其中间尺寸的偏差。

由式(3-4)可知：封闭环的偏差等于所有组成环相对其中间尺寸偏差的代数和。对减环，在计算出相对其中间尺寸偏差后乘以-1 作为其偏差。

3.1.3 封闭环偏差的调整

通常，选择装配系统的设计公差带是以理想尺寸为中心左右对称分布的，偏差值为设计公差。而封闭环的偏差是以封闭环中间尺寸为中心左右对称的，偏差为选择装配后的封闭环公差。但是实际中可能存在封闭环的偏差范围超出选择装配的设计公差带的情况，这时为保证装配精度，必须根据封闭环中间尺寸确定封闭环的偏差范围 $[L_{\min},L_{\max}]$ 与选择装配的设计公差带 $[EI_{A0S\mathrm{mid}},ES_{A0S\mathrm{mid}}]$ 之间的关系，对封闭环的偏差范围 $[L_{\min},L_{\max}]$ 进行调整，如图 3-1 所示。在计算过程中以调整后的偏差范围作为封闭环的要求偏差，偏差范围内的封闭环尺寸能够满足用户要求，因此偏差范围 $[L_{\min},L_{\max}]$ 是判断选择装配后封闭环尺寸是否合格的标准。

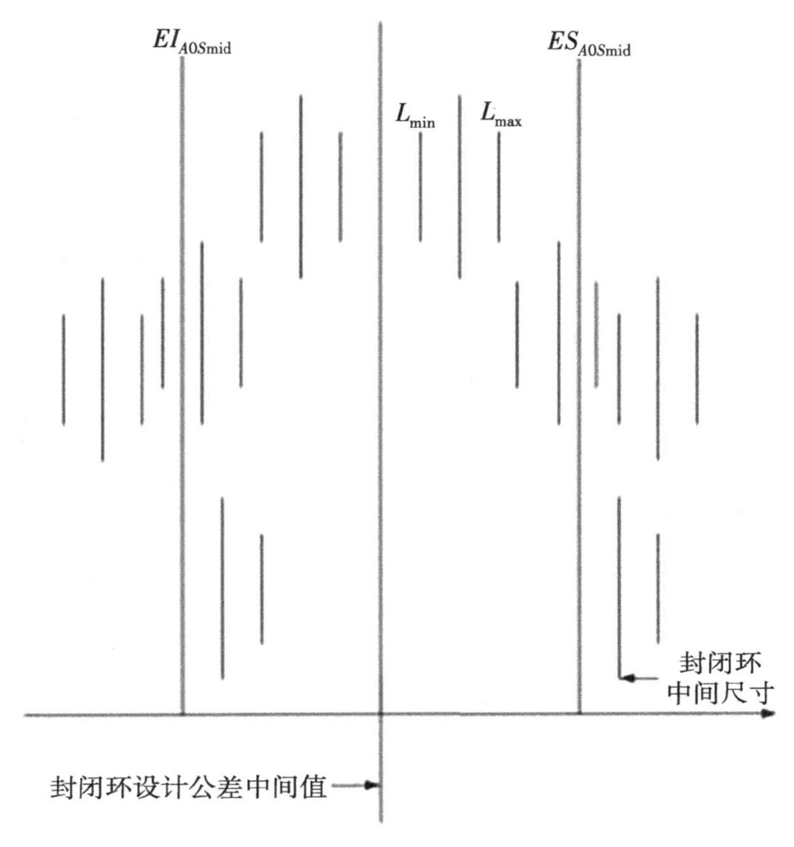

图 3-1　封闭环尺寸的确定

由图 3-1 知，封闭环偏差范围调整如下：

①当 $L_{min} \leqslant EI_{A0Smid}$ 时，$L_{min} = \max(L_{min}, EI_{A0Smid})$，$L_{max} = L_{min} + 2C_{均}$。

②当 $EI_{A0Smid} < L_{min} < L_{max} \leqslant ES_{A0Smid}$ 时，封闭环偏差范围即为(L_{min}，L_{max})。

③当 $L_{max} > ES_{A0Smid}$ 时，$L_{max} = \min(L_{max}, ES_{A0Smid})$，$L_{min} = L_{max} - 2C_{均}$。

3.2　以质量损失成本为优化目标函数的数学模型

3.2.1　质量损失成本

产品的质量是指它能满足社会和人们需要而具备的那些特性，产品质量的好坏主要看它满足人们需要的程度如何。产品的质量特性包括强度、硬度、性能、寿命、能源消耗，还包括形状、外观等。产品质量的形成分为三个阶段：设计质量、制造质量和使用质量。产品的质量特性的形成不仅与制造质量有关，而且更需要有一个好的设计质量，设计质量是形成产品质量的第一步，只有提高设计质量才能从根本上提高产品的内在质量。

根据日本学者田口玄一博士的质量定义，将产品的质量定义为产品上市后由于产品特性的波动对顾客或社会所造成的损失，即用给社会带来的损失大小来衡量产品质量的好坏，这里将它定义为质量损失成本。产品质量的好坏不仅取决于其特征值是否在规定的范围内，还取决于其接近期望值的程度，若产品的属性参数等于目标值，则性能最优。而当参数存在偏离时，产品的性能就要恶化。对于机械加工零件，质量损失成本包括由于零件尺寸偏离设计尺寸时所造成的后续装配中的额外费用以及由于零件功能性能降低造成的损失费用。

1. 质量损失函数

符合公差要求的产品并不一定都是用户满意的好产品。例如图 3-2 所示，第一个零件的实际尺寸刚好在公差带内，即为好的质量；第二个零件的实际尺寸刚好在公差带外，即为坏的质量，但是图中两种尺寸的大小区别并不很大。当 y 处于公差带的中心上和 y 刚好落在公差带内附近时，这二者的质量是一样的，但事实上，顾客所喜欢的是尺寸落在公差带中心上的产品。因此，装配件的质量的好坏，不能单纯看间隙尺寸是否落在公差带内。公差只是人为决定的判断标准，并不表示产品内在质量的好坏，因此，有必要采用一种能定量评价质量的方法，即零件的质量好坏要依据质量特性是否接近于设计公差的中心值，主要由质量特性偏离设计中心值的大小来衡量。设产品的质量特征值为 y，目标值为 m。可以认为当时 $y=m$ 所造成的损失最小，假定此时的损失为零。当 $y \neq m$ 时则造成损失，$|y-m|$ 越大，损失也越大。可以用 $L(y)$ 表示与特征值 y 对应的损失。基于田口质量观的质量损失函数曲线如图 3-3 所示。

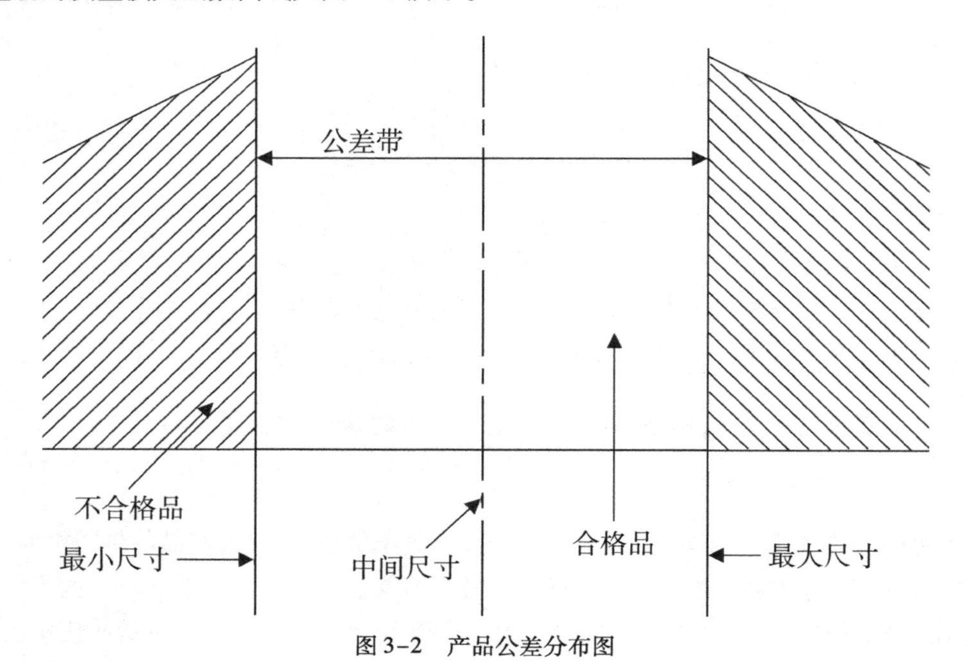

图 3-2　产品公差分布图

质量损失函数为：$L(y)=k\,(y-m)^2$，　$k=\dfrac{L''(m)}{2!}$。

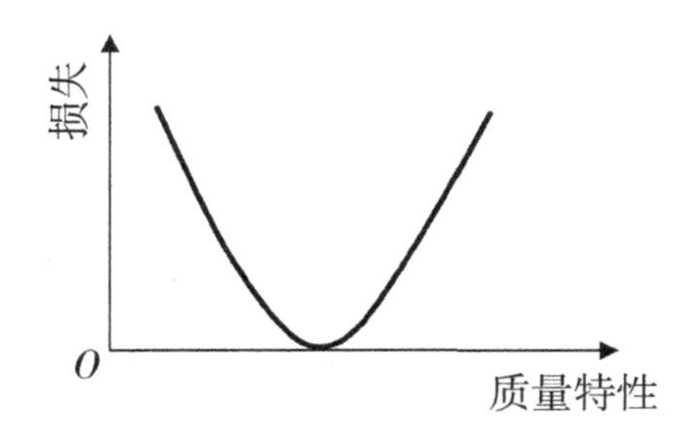

图 3-3　质量损失函数曲线

2. 质量损失成本

由于产品在制造中受各类随机因素的影响，其质量特征值 y 的质量损失函数 $L(y)$ 也是一随机数。为了能对质量损失进行量化，通常将质量损失成本定义为产品质量损失的平均值，即定义为：

$$Cql = E[L(y)] = \int_y f(y)L(y)\mathrm{d}y$$

式中：$f(y)$—质量特性 y 的概率密度函数。

对于任意分布的零件尺寸，零件的质量损失成本可以描述为：

$$\begin{aligned}Cql &= E[k(y-m)^2] \\ &= k\{\sigma^2 + E[(y-m)]^2\} \\ &= k\{\sigma^2 + [E(y)-E(m)]^2\} \\ &= k[\sigma^2 + (\mu-m)^2]\end{aligned}$$

式中：μ——尺寸分布的均值；

σ——尺寸分布的均方差。

假设零件的尺寸分布是对称的正态分布，它的理想尺寸位于分布的中心，则零件的质量损失成本可描述为：

$$Cql = k\sigma^2$$

对于一组离散的尺寸数据，质量损失成本也可以表示为：

$$Cql = E[L(y)] = \frac{1}{n}\sum_{i=1}^{n} L(y_i)$$

3. 质量损失系数

所谓公差 T 是指合格产品质量特性所容许的变动范围。由公差的定义可知：当 $|y-m| \leqslant T$，产品为合格品；当 $|y-m| > T$，产品为不合格品。如产品不合格时造成的损失为 A，则 k 可以表示为：$k=\frac{A}{T^2}$。

零件质量是一个不确定的输出，是加工工序的函数。在加工中，系数 k 与零件公差无关，而由加工工艺所决定。这里为了简化 k 的计算，将不考虑零件的结构复杂性、材料的加工性及顾客的金钱损失，只考虑零件的废品成本，设 t 是零件公差的一个理想值，如

果已知公差为 t 时的零件返修的费用为 C，则系数 $k=\dfrac{C}{t}$。

3.2.2 选择装配的数学模型

采用计算机辅助选择装配首先要建立数学模型，而建立数学模型的关键是优化目标函数的确定，邵锦文等人提出采用质量损失成本 Cql 最小作为计算机辅助选择装配的优化目标函数。

装配时将对产品进行全数检验，超出极限范围$[m-0.5T, m+0.5T]$的产品为不合格品，且质量损失为一组离散数据，因此根据质量损失成本的定义，计算机辅助选择装配的数学模型可以表示为：

$$
\begin{aligned}
Cql &= E[L(y)] \\
&= \frac{1}{n}\sum_{i=1}^{n} L(y_i) \\
&= \frac{1}{n}\left[\sum_{i=1}^{M} k\,(y_i - m)^2 + \sum_{i=M+1}^{n} A\right] \\
&= \frac{1}{n}\left[\sum_{i=1}^{M} k\,(y_i - m)^2 + (n - M)A\right]
\end{aligned}
$$

式中：n——每类零件参与装配的数量；

M——封闭环尺寸合格的装配数量。

由上述可以定义计算机辅助选择装配优化目标函数：

目标函数：$$\min Cql = \frac{1}{n}\left[\sum_{i=1}^{M} k\,(y_i - m)^2 + (n - M)A\right] \tag{3-5}$$

约束条件：$y=f(x_1, x_2, \cdots, x_N)$

式中：n——参与装配的零件数；

m——目标函数值（封闭环的中间偏差）；

N——组成环个数；

M——装配合格的产品数；

$y=f(x_1, x_2, \cdots, x_N)$——装配尺寸链方程；

y_i——匹配时第 i 套产品的封闭环尺寸，$0 \leqslant i \leqslant n$。

3.3 以装配质量综合指标为优化目标函数的数学模型

采用计算机辅助选择装配技术的目的是提高装配精度，选择装配时，必须对所有的组成环偏差进行合理的搭配组合，达到既充分利用零件，又满足装配精度要求的目的，选择装配的实质就是组成环偏差的合理选配。

由 3.2、3.3 节的叙述可以看出，引用田口玄一博士的质量损失成本最小作为优化目标函数的方法，具有全面性、精确性、统一性等优点，但是该方法重点研究的是怎样提高装配精度的问题，忽视了装配率对装配质量的影响。鉴于此，可以把装配质量的数学模型和选择装配的评判标准相结合，建立一种新的优化数学模型。

3.3.1 选配率

定义选配率 η 作为装配率指标：$\eta=\dfrac{S}{N}$ (3-6)

式中：N——没有零件剩余时的装配数目；

S——计算机辅助选配下得到的合格装配数目。

由定义知 η 越大，装配率越高，则产品的成本越低。

3.3.2 选配精度

定义选配精度 ε 为装配精度的指标：$\varepsilon=1-\dfrac{\delta}{T_0}$ (3-7)

$\delta=\sqrt{\dfrac{1}{S}\sum\limits_{l=1}^{S}(y_l-\Delta_0)^2}\cdots(S\leqslant N,EI_0\leqslant y_l\leqslant ES_0)$ 为装配尺寸链的封闭环偏差 y_l 的标准差，ES_0、EI_0 分别表示封闭环的上、下偏差，$\Delta_0=\dfrac{ES_0+EI_0}{2}$为封闭环中心偏差，$T_0=ES_0-EI_0$ 为封闭环的公差。由定义可知 ε 越大，则装配精度越高，相应产品的质量越高。

3.3.3 装配质量综合指标

定义 Q 为装配质量综合指标：$Q=\varepsilon^{\lambda}\eta^{\mu}$，$\lambda$、$\mu\in[0,1]$，为常数，表示选配精度和选配率对装配质量的影响程度，λ 越小，则装配精度对装配质量的影响越大，μ 的作用同 λ。由定义知 Q 越大则装配质量越高，相应装配精度和装配率就越高。

3.3.4 优化目标函数

在产品的装配过程中，我们希望等到较高的装配质量，从而提高产品的整体质量。而装配质量的大小是与装配精度和装配率有密切关系的，因此，定义优化目标函数为：

$$\max Q=\varepsilon^{\lambda}\eta^{\mu}=\left(1-\frac{\sqrt{\frac{1}{S}\sum\limits_{l=1}^{S}(y_l-\Delta_0)^2}}{T_0}\right)^{\lambda}\cdot\left(\frac{S}{N}\right)^{\mu} \tag{3-8}$$

约束条件：$y=f(x_1,x_2,\cdots,x_n)$

式中：N——每类零件的样本数（欲装配的产品数）；

S——合格的产品数；

Δ_0——封闭环的中心偏差；

T_0——封闭环的公差；

λ——装配精度指数；

μ——装配率指数；

$y=f(x_1,x_2,\cdots,x_n)$——装配尺寸链方程；

y_l——选择装配时第 l 套产品的封闭环尺寸，$0\leqslant l\leqslant N$。

实现高装配精度是计算机辅助选择装配的一个主要目的，而高装配精度是通过较小的封闭环公差来实现的。设装配尺寸链设计要求的封闭环公差为 T_0，采用计算机辅助选择装配时希望达到的封闭环公差为 T_{ow}，采用计算机辅助选择装配后实际的封闭环公差为 T_{of}，一般来说 $T_{of} \leqslant T_{ow} \leqslant T_0$。在某些情况下需要对零件进行分类装配，即先按高精度进行选择装配，将选择装配后剩余的零件再按较低的装配精度进行选择装配，这时就会生成两类精度不同的产品，此时需要通过设定 T_{ow} 来实现。为了实现封闭环公差满足 T_{ow} 的要求，在计算中判断装配产品是否合格时应以封闭环公差是否在 T_{ow} 范围内为评判标准，并根据此标准得到装配合格的产品数量 S。

本章主要介绍了选择装配的有关数学模型。首先给出现有的两种模型：调整封闭环偏差的选配系统数学模型及以质量损失成本为优化目标函数的数学模型。同时指出了这两种数学模型存在的不足之处，然后，我们进行改进，建立了一种新的数学模型，把影响装配质量的两个量——装配率和装配精度相结合，并且提出以获得最大的装配质量作为算法的优化目标函数。

第 4 章

基于智能算法的计算机辅助选择装配构建

计算机辅助选择装配是一种典型的求最优解问题。求最优解问题是指在一定的约束条件下,决定某个或某些可控制的因素应有的合理取值,使所选定的目标达到最优的问题。最优化的核心是模型,最优化方法也是随着模型的变化不断发展起来的,最优化问题就是在约束条件的限制下,利用优化方法达到某个优化目标的最优。

4.1 传统求最优解方法

1. 枚举法

枚举出可行解集合内的所有可行解,以求出精确最优解。对于连续函数,该方法要求先对其进行离散化处理,这样就有可能产生离散误差而永远达不到最优解。另外,当枚举空间比较大时,该方法的求解效率比较低,有时甚至在目前最先进的计算工具上都无法求解。

2. 启发式算法

寻求一种能产生可行解的启发式规则,以找到一个最优解或近似最优解。该方法的求解效率虽然比较高,但对每一个需要求解的问题都必须找出其特有的启发式规则,这个启发式规则无通用性,不适合于其他问题。

3. 搜索算法

寻求一种搜索算法,该算法在可行解集合的一个子集内进行搜索操作,以找到问题的最优解或近似最优解。该方法虽然保证不了一定能够得到问题的最优解,但若适当地利用一些启发知识,就可在近似解的质量和求解效率上达到一种较好的平衡。

传统优化算法具有完善的数学基础,具有计算效率高、可靠性强和比较成熟等特点。但是传统优化算法一般仅能求出优化问题的局部最优解,且求解的结果非常依赖于初始值,适用于简单问题寻优。

4.2 现代智能优化算法

大批量机械装配是一个复杂寻优问题。例如已知装配尺寸链组成环数为 n,各组成环零件数相等,均为 N,则全部组合方案有 N^n,其中有一组组合为最优组合,按该方案匹配,满足目标函数。为了获得这一组合方案,如果采用穷举的方法,随着 n,N 的增大,组合方案呈指数倍增长，运算时间趋于极限。为了选择最优或较优的装配序列，必须采用智能优化算法对可行的装配序列进行评价优化，以减少装配时间，节约装配成本。

20世纪70年代以来，国内外学者提出了多种智能优化算法，用于解决一系列复杂的实际应用问题。智能优化算法又称为现代启发式算法，是一种具有全局优化性能、通用性强、且适用于并行处理的算法。智能优化算法一般具有严密的理论依据，而不是单纯凭借专家的经验，理论上可以在一定时间内找到最优解或者近似最优解。所以，智能优化算法是以数学为基础的，用于求解各种工程问题优化解的应用科学。

1975年，美国密歇根大学Holland教授根据模仿生物种群中优胜劣汰的选择机制，通过种群中优势个体的繁衍进化来实现优化的功能提出了一种新的优化算法——遗传算法（Genetic Algorithm，GA）。

1977年，美国科罗拉多大学Glover教授提出禁忌搜索（Tabu Search，TS）算法。TS是将记忆功能引入到最优解的搜索过程中，通过设置禁忌区阻止搜索过程中的重复，从而极大提高了寻优过程的搜索效率。

1983年，Kirkpatrick将模拟退火（Simulated Annealing，SA）算法应用于组合优化问题。SA算法模拟热力学中退火过程能使金属原子达到能量最低状态的机制，通过模拟的降温过程，按玻兹曼（Boltzmann）方程计算状态间的转移概率来引导搜索，从而使算法具有很好的全局搜索能力。

1992年，Dorigo等提出蚁群优化算法（Ant Colony Optimization，ACO）算法。ACO算法借鉴蚁群群体利用信息素相互传递信息来实现路径优化的机理，通过记忆路径信息素的变化来解决组合优化问题。

1995年，Kenedy和Eberhart提出粒子群优化（Particle Swarm Optimization，PSO）算法。这种方法模仿鸟类和鱼类群体觅食迁移中，个体与群体协调一致的机理，通过群体最优方向、个体最优方向和惯性方向的协调来求解实数优化问题。

1999年，Linhares提出了捕食搜索（Predatory Search，PS）算法。这种算法模拟猛兽捕食中大范围搜寻和局部蹲守的特点，通过设置全局搜索和局部搜索间变换的阈值来协调两种不同的搜索模式，从而实现了对全局搜索能力和局部搜索能力的兼顾。

2002年，K. M. Passino基于Ecoli大肠杆菌在人体肠道内吞噬食物的行为，提出细菌觅食优化算法（Bacterial Foraging Optimization algorithm，BFO）。该算法因具有群体智能算法并行搜索、易跳出局部极小值等优点，成为生物启发式计算研究领域的又一热点。

一般来说，智能优化算法不以达到某个最优性条件或找到理论上的精确最优解为目标，而是更看重计算的速度和效率；对目标函数和约束函数的要求十分宽松；算法的基本思想都是来自对某种自然规律的模仿，具有人工智能的特点；多数算法含有一个多个体的群体，寻优过程实际上就是种群的进化过程；智能优化算法理论工作相对比较薄弱，一般都不能保证收敛到最优解。

以禁忌搜索（Tabu Search，TS）优化算法为例进行说明。该算法是一种由多种策略组成的混合启发式算法,是局部邻域搜索算法的推广。禁忌搜索法将记忆功能引入到最优解的搜索过程中,通过设置禁忌区阻止搜索过程中的重复,从而大大提高寻优过程的搜索效率。

禁忌搜索算法是人工智能在组合优化算法中的一个成功应用。禁忌搜索算法的特点是采用了禁忌技术。所谓禁忌,就是禁止重复前面的工作。禁忌搜索算法用一个禁忌表记录下已经到达过的局部最优点,在下一次搜索中,利用禁忌表中的信息不再或有选择地搜索这些点。

禁忌搜索算法步骤如下:

(1)选一个初始点 $x \in X$,令 $x^* = x, T = \Phi$,渴望水平 $A(s,x) = C(x^*)$,迭代指标 $k=0$;

(2)若 $S(x) - T = \Phi$ 停止,否则令 $k=k+1$;若 $k>NG$(其中 NG 为最大迭代次数)停止;

(3)若 $C(sl(x) - \mathrm{Opt}\{C(s(x)), s(x) \in S(x)\}$,若 $C(sl(x)) < A(s,x)$,令 $x = sl(x)$,转步骤(5);

(4)若 $C(sk(x)) = \mathrm{Opt}\{C(s(x)), s(x) \in S(x) - T\}$,令 $x = sk(x)$;

(5)若 $C(x) < C(x^*)$,令 $x^* = x, C(x^*) = C(x), A(s,x) = C(x^*)$;

(6)更新 T 表,转步骤(2)。

首先为置换问题定义一种邻域搜索结构,如互换操作 SWAP,即随机交换两个点的位置,则每个状态的邻域解有$\frac{n(n-1)}{2}$个。搜索从一个状态转移到其邻域中的另一个状态称为一次移动 MOVE,显然每次移动将导致适配值(反比于目标函数值)的变化。其次,我们采用一个存储结构来区分移动的属性,即是否为禁忌“对象”。例如:考虑 7 元素的置换问题,并用每一状态的相应 21 个邻域解中最优的 5 次移动(对应最佳的 5 个适配值)作为候选解;为一定程度上防止迂回搜索,每个被采纳的移动在禁忌表中将滞留 3 步(即禁忌长度),即将移动在以下连续 3 步搜索中将被视为禁忌对象;需要指出的是,由于当前的禁忌对象对应状态的适配值可能很好,因此在算法中设置判断,若禁忌对象对应的适配值优于“best so far”状态,则无视其禁忌属性而仍采纳其为当前选择,也就是通常所说的藐视准则(或称特赦准则)。

近几年来,出现了多个优化方法交叉使用的混合型优化算法,这类方法往往实现了各种优化方法的优势互补,因此可较好的应用于面向装配的设计评价过程中。

(1)遗传算法和禁忌搜索结合。在遗传进化搜索中引入禁忌搜索独有的记忆功能,在子代交叉重组中使用禁忌法构造重组算子,把禁忌搜索作为遗传算法的变异算子,来提高遗传算法的爬山能力。此策略综合了遗传算法具有多出发点和禁忌搜索算法记忆功能强的优点。

(2)遗传模拟退火算法。遗传模拟退火算法是将进化论结合模拟退火算法产生的一种新的组合优化算法。其基本思想是利用模拟退火以大的概率选择邻域中的低能量状态,并通过模拟遗传算法的进化策略给模拟退火的搜索提供更广泛的空间,从而寻找出多峰值目标函数中的最小值点。

(3)人工神经网络与模拟退火算法相结合。该方法将连续型神经网络融入模拟退火算法中,提出了一种在算法上和思路上与单纯用神经网络截然不同的求解工程混合离散变量优化设计问题的求解途径。

4.3 计算机辅助选择装配智能算法选择

计算机辅助选择装配问题是典型的组合优化问题,通过数学方法去寻找离散事件的最优编排、分组、次序或筛选等。如何将智能优化算法应用于计算机辅助选择装配技术中,以期快速找到近似最优解,是计算机辅助选择装配能否应用于实践的关键难点。下面以遗传模拟退火算法为例,讲解计算机辅助选择装配算法模型的构建。

1. 遗传算法(Genetic Algorithm—GA)

1)遗传算法(GA)的基本理论

遗传算法是模拟达尔文的遗传选择和自然淘汰的生物进化过程的计算模型。它的思想源于生物遗传学和适者生存的自然规律,是具有“生存+检测”的迭代过程的搜索算法。20 世纪 60 年代由 Holland 教授提出,和传统搜索算法不同,遗传算法从一组随机产生的初始解“群体(Population)”开始搜索过程。群体中的每个个体是问题的一个解,称为“染色体(Chromosome)”。染色体是一串符号,比如一个二进制字符串。这些染色体在后续迭代中不断进化,在每一代中用“适应值(Fitness)”来衡量染色体的好坏,生成下一代染色体,称为后代“(Offspring)”。后代是由前一代个体通过交叉(Crossover)、变异(Mutation)运算形成的,新一代个体形成中,根据适值的大小选择部分后代,淘汰部分后代,从而保持群体规模基本不变,适应值高的染色体被选中的概率较高。这样,经过若干代之后,算法收敛于最好的染色体,它很可能就是问题的最优解或次优解。

选择、交叉和变异构成了遗传算法的遗传操作;参数编码、初始群体的设定、适应度函数的设计、遗传操作设计、控制参数设定五个要素组成了遗传算法的核心内容。

遗传算法在进化搜索中基本不利用外部信息,仅以适应度函数(Fitness Function)为依据,利用种群中每个个体的适应度值来进行搜索。因此适应度函数的选取至关重要,直接影响到遗传算法的收敛速度以及能否找到最优解。一般而言,适应度函数是由目标函数变换而成的。

在遗传进化的初期,通常会产生一些超常的个体,若按照比例选择法,这些异常个体因为竞争力太突出而控制了选择过程,影响算法的全局优化性能。在遗传进化的后期,即算法接近收敛时,由于种群中个体适应度差异较小,继续优化的潜能降低,可能获得某个局部最优解。上述问题我们通常称为遗传算法的欺骗问题。适应度函数设计不当可能导致这种问题的出现,因此适应度函数的选取是遗传算法设计的一个重要方面。

在设计遗传算法时,群体的规模一般在几十至几百,与实际物种的规模相差很远,因此,个体繁殖数量的调节在遗传操作中就显得比较重要。如果群体中出现了超级个体,即该个体的适应度大大超过群体的平均适应值,则按照适应值比例选择时,该个体很快就会在群体中有绝对的比例，从而导致算法较早地收敛到一个局部最优点，这种现象称为过早收敛。在这种情况下，应该缩小这个个体的适应度，以降低这些超级个体的竞争力，防止过早收敛。另一方面，在搜索过程的后期，虽然群体中存在足够的多样性，但群体的平均适应值可能会接近群体的最优适应值。在这种情况下，群体中实际上已不存在竞争，从而搜索目标也难以得到改善，出现了停止现象。在这种情况下，应该放大个体的适应度，以提高个体之间的竞争力。

适应度函数的选取、最优保存策略等也可以视为遗传算法基因选择的一部分，此外，还有许多用得比较少、作用机理尚不明或没有普遍意义的高级基因操作，我们不再作叙述。

2）遗传算法（GA）的数学描述

采用随机方法或其他优化方法产生 n 个可能解 $X_i(k)$ $(1\leqslant i\leqslant n)$（$k$ 称作“代”数，初始值为 $k=1$）组成初始解群。对于每一个个体 $X_i(k)$，计算其适应值 $f(X_i(k))$，同时计算其生存的概率 $P_i(k)$。然后设计一个随机选择器，依据 $P_i(k)$ 以一定的随机方法产生一组配种个体 $X_i(k)$。选择两个配种个体 $X_i(k)$、$X_j(k)$，依据一定的组合规则（如交叉、变异、逆转等），将 $X_i(k)$、$X_j(k)$ 组合成两个新一代的个体 $X_i(k+1)$、$X_j(k+1)$，直到新一代的 n 个个体形成，重复上述过程直至解质量达到满意的范围。其中 $P_i(k)$ 以下式计算：

$$P_i(k)=\frac{f(X_i(k))}{\sum_{i=1}^{n} f(X_i(k))} \tag{4-1}$$

遗传算法的运算过程如图 4-1 所示。记第 t 代群体为 $P(t)$，使用遗传算子作用于群体 $P(t)$，进行下述遗传操作，从而得到第 $t+1$ 代群体 $P(t+1)$：

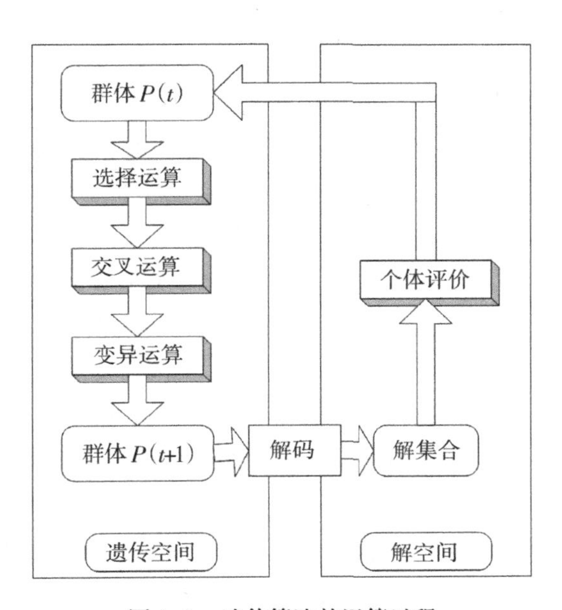

图 4-1　遗传算法的运算过程

(1)选择(Selection):根据各个个体的适应度,按照一定的规则或方法,从第 t 代群体 $P(t)$ 中选择出一些优良的个体遗传到下一代群体 $P(t+1)$ 。适应度比例方法是目前比较常用的选择方法,也叫轮盘赌法,以 $P_i(k)$ 作为选择概率。

(2)交叉(Crossover):将群体 $P(t)$ 内的各个个体随机搭配成对,对每一对个体,以交叉概率(Crossover Rate)为基准交换它们中的部分基因。常见的有单点交叉和双点交叉,所谓单点交叉是指在个体串中随机设定一个交叉点,实行交叉时,该点前或后的两个个体的部分结构进行交换,并生成两个新的个体,如图 4-2 所示。两点交叉的操作与单点交叉类似,只是设置了两个交叉点之间的码串相互交换。

父体A1001 | 111 ⟶ 1001000子体A′

父体B0011 | 000 ⟶ 0011111子体B′

图 4-2　单点交叉过程

(3)变异(Mutation):变异的基本内容是对群体中个体串的某些基因座上的基因值以变异概率 (Mutation Rate)作变动。常用的逆转变异是在个体码串中随机挑选一个逆转点,然后将两个逆转点间的基因值逆向排序,如图 4-3 所示。交叉后子代经历的变异,实际上是子代基因按小概率扰动产生的变化。

变异前10$\underline{011}$11 ⟶ 10$\underline{110}$11变异后

图 4-3　逆转变异的过程

2. 模拟退火算法(Simulated Annealing Algorithm-SA)

1)模拟退火算法(SA)的基本理论

模拟退火算法(Simulated Annealing,SA)是基于 Monte-Carlo(蒙特卡罗方法)迭代求解策略的一种随机寻优算法,其思想源于固体退火过程,加热固体时,固体粒子的热运动不断增强。随着温度 T 的升高,粒子与平衡位置的偏离越来越大,系统能量 E 也随之增大,直至温度达到溶解温度,固体的规则性被彻底破坏,固体溶解为液体。冷却时,液体粒子的热运动渐渐减弱,系统能量也随之减小,随着温度的徐徐降低,粒子运动渐趋有序,最后在常温时达到基态,内能减为最小,该过程称为退火。在退火过程中,只有温度"徐徐"降低时,才能保证系统在每一温度下都能达到平衡态,从而最终达到系统能量的最小值。

模拟退火算法(SA)是基于物理中固体物质的退火过程与一般组合优化问题之间的相似性而提出的,Kirkpatrick 等将 Metropolis 准则引入到优化过程中,将一个组合优化问题比拟成一个金属物体,将问题的目标函数值比拟为物体的内能,问题的最优解比拟成能量最低的状态,相应地,温度演化成控制参数 t。然后,模拟金属物体退火的过程,从一个足够高的温度开始,逐渐降低温度,使物体分子从高能量状态缓慢地过渡到低能量状态,直至获得能量最小的理想状态为止。伴随温度参数的不断下降,结合概率突跳特性在解空间中随机寻找目标函数的全局最优解，即在局部最优解能概率性地跳出并最终趋于全局最优，该算法能够很好地解决较复杂的组合优化问题。

在模拟退火算法中，几个控制算法进程的参数合称为冷却进度表，冷却进度表保证模拟退火算法在有限时间内完成。一个冷却进度表一般包括：①控制参数 t（即温度）的初始值 t_0；②控制参数 t 的衰减函数；③每个 Mapkob 链的长度 L_k；④停止准则 S。

模拟退火算法是通过赋予搜索过程一种时变且最终趋于零的概率突跳性，从而可有效避免陷入局部极小并最终趋于全局最优的串行结构的优化算法。模拟退火其实也是一种贪心算法，但是它的搜索过程引入了随机因素。模拟退火算法以一定的概率来接受一个比当前解要差的解，因此有可能会跳出这个局部的最优解，达到全局的最优解。以图 4-4 求解最小值为例，假设开始状态在 A，随着迭代次数更新到 B 的局部最优解，这时发现更新到 B 时，比 A 要小，则说明接近最优解了，因此百分百转移，到达 B 后，发现下一步上升状态，这里会以一定的概率跳出这个坑，如果是梯度下降则是不允许跳跃。如果 B 最终跳出来了到达 C，又会继续以一定的概率跳出来，直到到达 D 后，就会稳定下来。

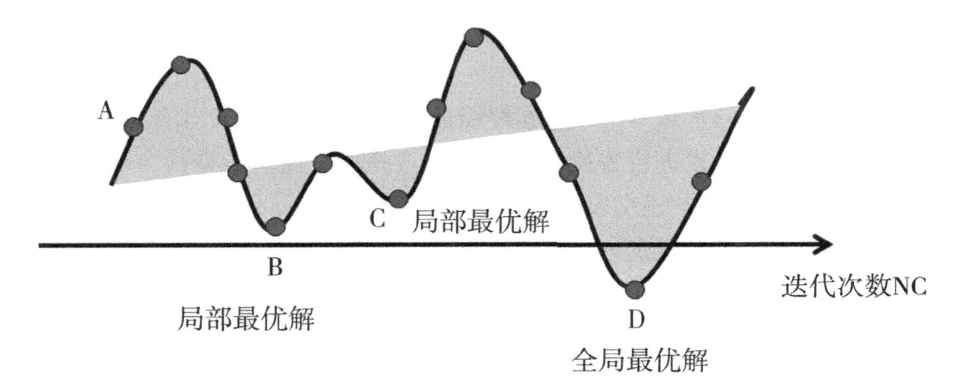

图 4-4　模拟退火示意图

若 $J(Y(i+1)) \geqslant J(Y(i))$（即移动后得到更优解），则总是接受该移动，若 $J(Y(i+1))<J(Y(i))$（即移动后的解比当前解要差），则以一定的概率接受移动，而且这个概率随着时间推移逐渐降低（逐渐降低才能趋向稳定）。这里的“一定的概率”的计算参考了金属冶炼的退火过程，这也是模拟退火算法名称的由来。根据热力学的原理，在温度为 T 时，出现能量差为 $\mathrm{d}E$ 的降温的概率为 $P(\mathrm{d}E)$，表示为：

$$P(\mathrm{d}E)=\mathrm{e}^{\frac{\mathrm{d}E}{kT}}$$

其中 k 是一个常数，e 表示自然指数，且 $\mathrm{d}E<0$。这条公式含义是：温度越高，出现一次能量差为 $\mathrm{d}E$ 的降温概率就越大；温度越低，则出现降温的概率就越小。又由于 $\mathrm{d}E$ 总是小于 0（否则就不叫退火了），因此 $\frac{\mathrm{d}E}{kT}<0$，所以 $P(\mathrm{d}E)$ 的函数取值范围是 $(0,1)$。随着温度 T 的降低，$P(\mathrm{d}E)$ 会逐渐降低。将一次向较差解的移动看作一次温度跳变过程，以概率 $P(\mathrm{d}E)$ 来接受这样的移动。

模拟退火算法的过程：

(1)模拟退火算法可以分解为解空间、目标函数和初始解三部分。

(2)模拟退火的基本思想：

①初始化：初始温度 T（充分大），初始解状态 S（是算法迭代的起点），每个 T 值的迭代次数 NC；

②对 $k=1\cdots\cdots NC$，做第③至第⑥步；

③产生新解 S'；

④计算增量 $\Delta T=C(S')-C(S)$，其中 $C(S)$ 为代价函数；

⑤若 $\Delta T<0$ 则接受 S' 作为新的当前解，否则以概率 $P(\mathrm{d}E)=\mathrm{e}^{\frac{\mathrm{d}E}{kT}}$ 接受 S' 作为新的当前解；

⑥如果满足终止条件则输出当前解作为最优解，结束程序。终止条件通常取为连续若干个新解都没有被接受时终止算法。

⑦T 逐渐减少，T 趋于 0 时，然后转第②步。

模拟退火算法新解的产生和接受可分为如下 4 个步骤：

第 1 步是由一个产生函数从当前解产生一个位于解空间的新解；为便于后续的计算和接受，减少算法耗时，通常选择由当前新解经过简单地变换即可产生新解的方法，如对构成新解的全部或部分元素进行置换、互换等，注意到产生新解的变换方法决定了当前新解的邻域结构，因而对冷却进度表的选取有一定影响。

第 2 步是计算与新解所对应的目标函数差。因为目标函数差仅由变换部分产生，所以目标函数差的计算最好按增量计算。事实表明，对大多数应用而言，这是计算目标函数差的最快方法。

第 3 步是判断新解是否被接受，判断的依据是一个接受准则，最常用的接受准则是 Metropolis 准则：若 $\Delta T<0$ 则接受 S' 作为新的当前解，否则以概率 $P(\mathrm{d}E)=\mathrm{e}^{\frac{\mathrm{d}E}{kT}}$ 接受 S' 作为新的当前解。

第 4 步是当新解被确定接受时，用新解代替当前解，这只需将当前解中对应于产生新解时的变换部分予以实现，同时修正目标函数值即可。此时，当前解实现了一次迭代。可在此基础上开始下一轮试验。而当新解被判定为舍弃时，则在原当前解的基础上继续下一轮试验。

模拟退火算法与初始值无关，算法求得的解与初始解状态 S(是算法迭代的起点)无关。模拟退火算法具有渐近收敛性，以概率 1 收敛于全局最优解。同时模拟退火算法具有并行性。

2) Metropolis 准则

1953 年，Metropolis 等提出重要性采样方法，模拟固体在恒定温度下达到热平衡的过程。其接受新状态准则为：给定粒子的初始状态 i，作为固体的当前状态，该状态的能量是 E_i；然后用摄动装置选取某个粒子随机地产生微小变化，得到一个新状态 j，新状态的

能量为 E_j。Metropolis 准则用公式表述为：

$$\gamma=\begin{cases}1 & E_j<E_i \\ \exp\left(\dfrac{E_i-E_j}{kT}\right) & E_j>E_i\end{cases} \tag{4-2}$$

其中 k 为 Boltzmann 常数，T 为固体的温度，γ 是一个小于 1 的数，用随机数发生器产生一个[0,1]区间的随机数 ξ，若 $\gamma>\xi$，则将新状态 j 作为重要状态，否则舍去。重复以上新状态产生过程，在大量变化迁移后，系统趋于能量较低的平衡状态。

3）模拟退火算法（SA）的数学模型

模拟退火算法（SA）的数学模型可以描述如下：第 k 次迭代中被 SA 访问的解是 i，而在第(k+1) 次迭代中被 SA 访问的解是 j 的概率：它由两个独立的概率分布构成——在第 k 次迭代中从解 i 产生解 j 的概率 $g_{ij}(T)$，其中 $g_{ij}(T)$ 满足归一化条件 $\sum\limits_{j\in\Omega_i}g_{ij}(T)=1$；解被接受的概率 $a_{ij}(T)$，这里 T 是第 k 次迭代时的温度。对于 $i\neq j$ 的情况，转移概率的公式如下：

$$P_{ij}(T)=\{X_{k+1}=j\mid X_k=i\}=\begin{cases}g_{ij}(T)a_{ij}(T) & \forall j\in\Omega_i \\ 0 & \forall j\notin\Omega_i\end{cases} \tag{4-3}$$

因为 $a_{ij}(T)$ 不总是等于 1，故新解有不被接受的可能，算法停留在解 i 的概率为：

$$P_i(T)=1-\sum_{j\in\Omega}P_{ij}(T)。$$

由于 Ω 是一个可列集，故 SA 产生的随机变量所代表的随机过程是一个 Mapkob 链，记一步的转移概率为：

$$P(T)=\begin{bmatrix}P_{11}(T) & P_{12}(T) & \cdots & P_{1|\Omega|}(T) \\ P_{21}(T) & P_{22}(T) & \cdots & P_{2|\Omega|}(T) \\ \vdots & \vdots & \ddots & \vdots \\ P_{|\Omega|1}(T) & P_{|\Omega|2}(T) & \cdots & P_{|\Omega||\Omega|}(T)\end{bmatrix}$$

则 k 步的转移概率为：$P(m,m+k)=\begin{cases}\prod\limits_{t=m}^{m+k-1}P(T_t) & k\geqslant 1 \\ I & k=0\end{cases}$ （4-4）

式中 I 为单位矩阵，T_t 表示第 t 次迭代的温度值。

模拟退火算法的运算过程如图 4-5 所示。

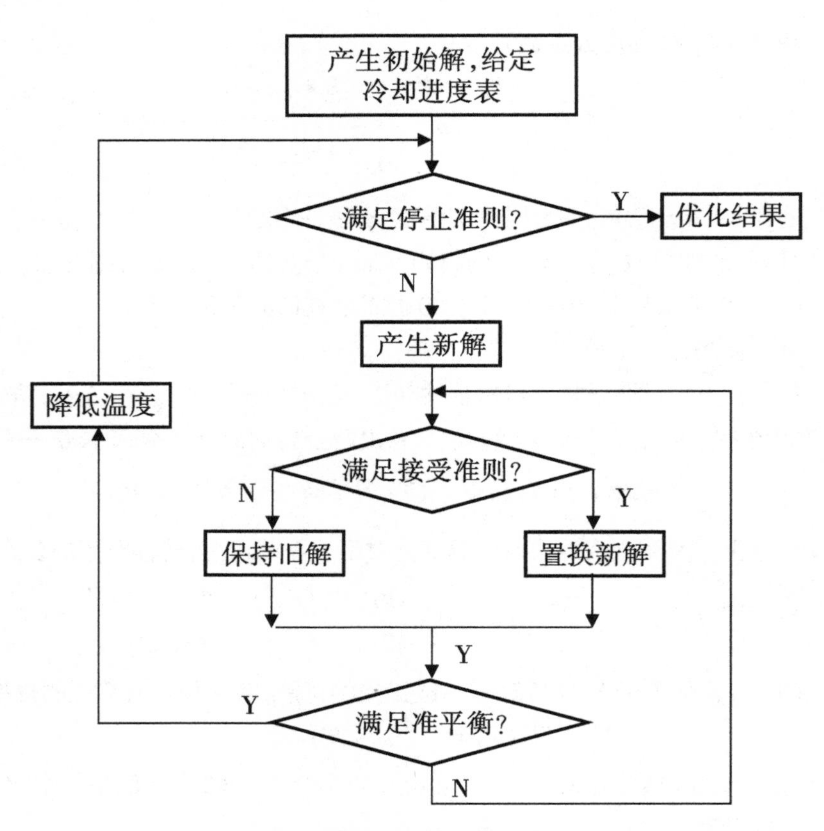

图 4-5　模拟退火算法的运算过程

遗传算法、模拟退火等非数值优化算法的目标函数及约束条件可以是线性和非线性的,可解决混合连续和离散变量的优化问题,执行过程相对简单,因此广泛应用于复杂系统的寻优中。Dupinet E 等人运用模拟退火算法进行了面向装配设计中的公差优化。邵锦文等人则提出了一个新的计算机辅助选配系统,采用田口博士质量损失模型作为装配匹配精度指标,同时以总成本为优化目标函数,采用改进的模拟退火优化方法求解匹配零部件。

4.4　基于智能算法的计算机辅助选择装配构建

1. 混合遗传/模拟退火算法(HGSA)

遗传算法与模拟退火算法都是启发式随机搜索算法,从理论上说,它们能够适用于各种优化问题,但在实际运用中却发现它们都存在着一定的局限性。遗传算法在求解大规模优化问题时,虽把握搜索过程总体的能力较强,但是其局部搜索能力较差,存在着严重的局部极小问题;模拟退火算法具有较强的局部搜索能力,并能使搜索过程避免陷入局部最优,然而模拟退火算法的计算速度过于缓慢。采用何种方法既能保留算法自身的优良特性,又能解决算法所面临的实用性问题,一直是模拟进化方法研究的重点。

1993 年,Lin Feng-Tse 等将遗传算法和模拟退火算法相结合,互相取长补短,提出了一种新的优化算法——混合遗传/模拟退火算法（Hybrid Genetic/Simulated-Annealing Algorithm—HGSA）。该算法综合了遗传算法和模拟退火算法的优点，即具有遗传算法的全局性和并行性，又具有模拟退火算法的局部搜索能力和退火特征，同时通过算法匹配，克服了两者的缺陷，具有良好的优化性能。

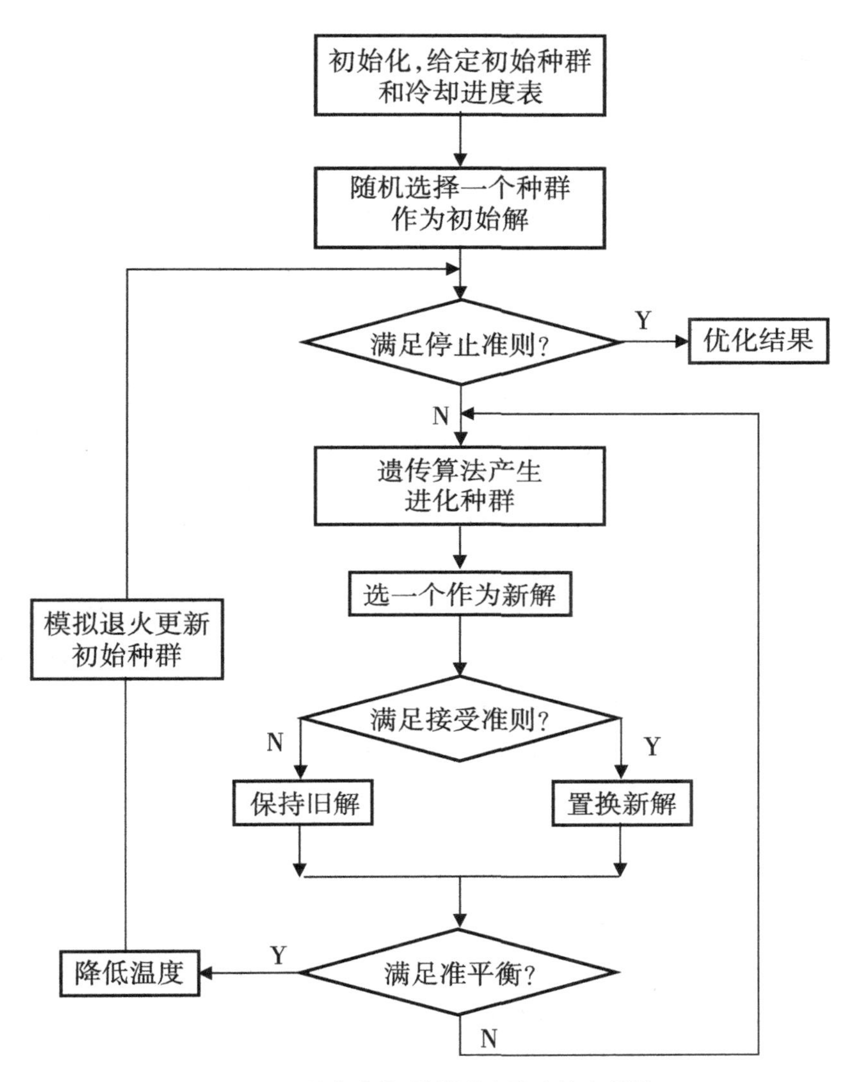

图 4-6　混合遗传/模拟退火算法的流程图

如图 4-6 是混合遗传/模拟退火算法（HGSA）的运算过程。由该流程图可以看出，混合遗传/模拟退火算法（HGSA）主要有以下几个特点：

（1）可视为在遗传算法中引入模拟退火思想，有效地缓解了遗传算法的选择压力；并对基因操作产生的新个体实施概率接受策略，增强了算法的全局收敛性，加快了进化后期的收敛速度。

（2）可视为在模拟退火算法中引入遗传算法的群体操作思想，使算法在解空间展开多处的局部搜索，既加快了算法的搜索速度，又能有效地提高模拟退火算法处理局部收敛问题的能力。

(3)以遗传算法控制寻优方向，从而加快搜索进程；用模拟退火算法解决局部收敛问题，以提高搜索精度。充分发挥了遗传算法的快速全局搜索性能和模拟退火算法的局部搜索能力，具有较高的效率和广泛的适用性。

在求解大规模、复杂、非线性和有约束的优化问题时，该混合优化方法具有其他优化算法所无法比拟的优良性能，近年来，已有多种形式的遗传模拟退火算法在不同行业中得到了应用。

2. 基于遗传模拟退火算法的计算机选择装配构建

从一组随机产生的初始解开始全局最优解的搜索过程，先通过选择、交叉、变异等遗传操作来产生一组新的个体，然后再独立地对所产生出的各个个体进行模拟退火过程，然后求解群体的目标函数和评价群体的适应度，记录最优个体与最差个体，按照最优保存策略进行选择操作以产生下一代群体的个体，这个运行过程反复迭代地进行，直到满足某个终止条件为止。其中染色体编码采用多参数级联编码方法，将各个参数分别进行编码，表示一个组成环的所有待装配零件的随机组合，然后再将它们的编码按一定顺序联接在一起就组成了表示全部参数的个体编码。其具体步骤如下所述：

(1)编码方法。对于计算机辅助装配问题，传统的编码方法所对应的交叉运算和变异运算实现起来比较困难，会使装配中同一个零件重复使用，而得到无实际意义的装配方案，为了克服这种缺点，本章采取一种新的编码形式。假设装配尺寸链的组成环数为 n，每一组成环对应有 N 个零件，即欲要装配 N 套产品。我们构造一个 $N\times n$ 的随机矩阵：

$$\boldsymbol{A}_{N\times n}=\begin{bmatrix}1/1 & 1/2 & \cdots & 1/n\\ 2/1 & 2/2 & \cdots & 2/n\\ \vdots & \vdots & \vdots & \vdots\\ N/1 & N/2 & \cdots & N/n\end{bmatrix}$$

矩阵的元素 i/j 表示第 j 个组成环的第 i 个欲装配的零件编号。每一行对应的元素可以交换，而每一列对应的元素不能交换。

根据此编码矩阵，可以确定遗传算法的染色体，染色体有 N 个小段组成，每个小段包括 n 个基因，即有矩阵 $A_{N\times n}$ 的每一行组成一个小段，每小段之间用标示符“0”隔开，表示一个不同的装配。因此，染色体的长度为 $N\times n+N-1$，该染色体可以表示为：

$[1/1,1/2,\cdots,1/\mathrm{n},0,2/1,2/2,\cdots,2/\mathrm{n},0,\cdots\cdots,0,N/1,N/2,\cdots,N/n]$

(2)设立初始解空间。解空间 S 可以表示为 N 套零件的随机排列组合，构成的一个 N 套产品的装配为一个解，重复进行随机组合，产生 m 个解。解的构成可以用 $\varphi_{i,j}(i=0,1,2\cdots,n-1;j=0,1,2\cdots,N-1)$ 序列来表示，i、j 在一个解内不能重复随机选择。根据产生初始解空间的序号可以找出对应的具体尺寸值。

对初始解空间的序号值进行编码，每一个解对应一个具体的装配方案 $\{\varphi_{i,j}\}(i=0,1,$

$2\cdots,n-1;j=0,1,2\cdots,N-1$)，规定在每采用一个装配零件后，就从零件的序号中将该零件去掉，用第 i 个选用的装配零件在所有未选用的零件序列中对应的序号来表示具体使用的零件，这样循环选取，得到 N 个装配体中所有装配零件的序号所对应的具体数值，全部排列，构成初始的装配解。

（3）适应度函数和能量函数的选取。本优化算法是以装配质量最高作为目标函数（见第2章），因此我们以目标函数作为算法的适应度函数和能量函数。在求每个解的过程中，首先要求出满足条件的 $S(0<S\leqslant N)$ 个装配的封闭环尺寸 y_l，然后由公式：

$$f=Q=\varepsilon^{\lambda}\eta^{\mu}=\left(1-\frac{\sqrt{\frac{1}{S}\sum_{l=1}^{S}(y_l-\Delta_0)^2}}{T_0}\right)^{\lambda}\cdot\left(\frac{S}{N}\right)^{\mu}$$

算出对应的 Q 值，我们的目的是求 Q 的最大值。

（4）新解的产生，采用遗传算法中的进化方法。

①采用最优保存策略，每一代中的适应度最好的个体不参与交叉运算和变异运算，退换当前群体中的最差个体。

②交叉运算，依照设定的交叉概率在随机选取的交叉点相互交换个体的部分染色体，产生新的个体，个体之间是随机配对的。例如当 $N=3,n=3$ 时，采用分段交叉的方法运算，两个父体为：

$$A=[1/1,\underline{1/2,1/3},0,2/1,\underline{2/2},2/3,0,\underline{3/1,3/2},3/3]$$

$$B=[1/1,\underline{2/2,1/3},0,2/1,\underline{3/2},3/3,0,\underline{3/1,1/2},2/3]$$

在两个父体中随机选取一部分基因，然后进行交换，得到两个子代个体：

$$A'=[1/1,\underline{2/2,1/3},0,2/1,\underline{3/2},2/3,0,\underline{3/1,1/2},3/3]$$

$$B'=[1/1,\underline{1/2,1/3},0,2/1,\underline{2/2},3/3,0,\underline{3/1,3/2},2/3]$$

③变异运算，完成上述两种运算后，对其进行解码，解码后的个体变异只是在同一种零件的 N 个基因中产生基本的位变异，这样才能保证不会产生无效解，变异同样也采用分段的方式。

变异的步骤：首先以变异概率选择基因 i/j；然后取 $i=\text{rand}(1,N)$，若取的仍是 i，则重新取 i 值；若选择的结果是 $i=k$，则把原 i/j 基因换成 k/j；可以重复上述步骤，但 i、k 不再参与运算。

④对产生的新个体按照模拟退火的算法以概率 p 接受父代个体为下一代群体中的个体，以概率 $(1-p)$ 接受子代个体为下一代群体中的个体。其中：$p=\dfrac{1}{1+\exp\left(\dfrac{f_p-f_c}{T}\right)}$，$f_p$、$f_c$ 表示父代个体和子代个体对应的目标函数值。

（5）按照温度下降曲线确定最大世代数，可求得最优化的选择装配。

4.5 基于智能算法的计算机辅助选择装配仿真

以机床主轴上一双联齿轮的装配过程为例进行实验，其装配简图如图4-7所示。双联齿轮在轴向间需有适当的装配间隙，以保证转动灵活，又不致引起过大的轴向窜动（在断续切削时，该齿轮会引起轴向往复窜动和冲击），规定轴向间隙量为 0.1～0.35mm，图中将齿轮端面与左右挡板之间的间隙绘在了一起。由装配简图可以建立该装配过程的尺寸链，如图 4-8 所示。

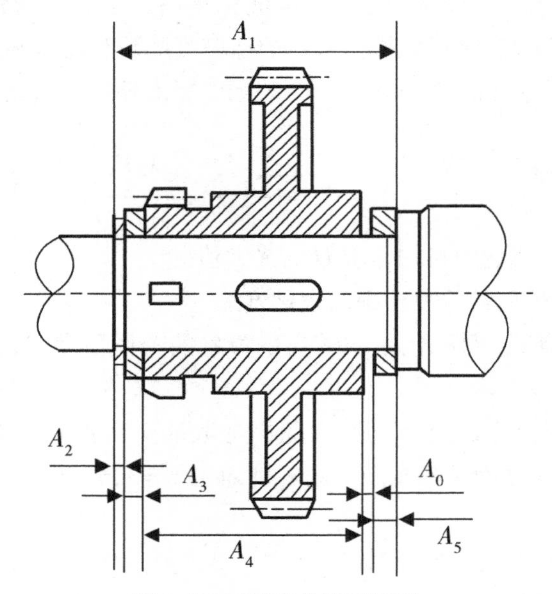

图 4-7　双联齿轮装配简图

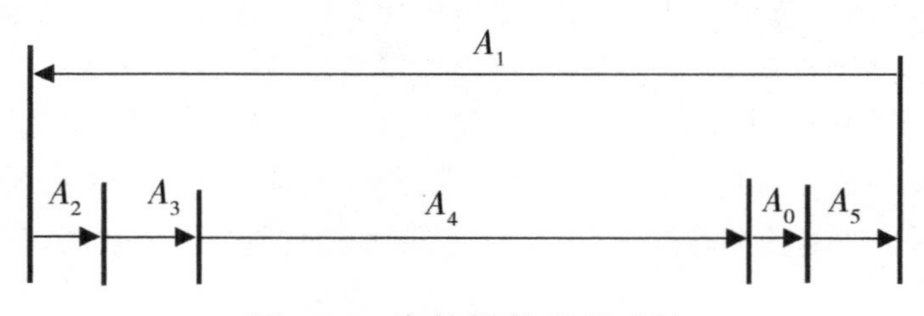

图 4-8　齿轮箱装配尺寸链

装配尺寸链方程为：$A_0=A_1-(A_2+A_3+A_4+A_5)$

组成环尺寸为：$A_1=43^{+0.13}_{-0.03}$ mm，$A_2=3^{0}_{-0.05}$ mm

$A_3=A_5=5^{0}_{-0.08}$ mm，$A_4=30^{0}_{-0.14}$ mm

封闭环尺寸为：$A_0=0^{+0.35}_{+0.10}$ mm

封闭环中间偏差为：$\Delta_0=\dfrac{0.35+0.10}{2}=0.225\ \text{mm}=225\ \mu\text{m}$

封闭环公差为：$T_0=0.35-0.10=0.25\ \text{mm}=250\ \mu\text{m}$

各组成环样本的实际偏差如表 4-1 所列。

表 4-1　各组成环样本的实际偏差

单位：μm

样本数	组成环					
	A_1	A_2	A_3	A_4	A_5	A_0
1	21	-2	-39	-62	-7	131
2	32	-28	-17	-101	-5	183
3	-20	-10	-43	-72	-12	117
4	73	-48	-38	-98	-62	319
5	124	-38	-32	-72	-60	326
6	38	-1	-55	-69	-11	174
7	-19	-40	-50	-115	-20	206
8	94	-42	-49	-23	-39	247
9	106	0	-52	-83	-48	289
10	-15	-22	-21	-71	-19	118
11	115	-31	-64	-73	-60	343
12	21	-41	-69	-69	-45	245
13	41	-20	-23	-22	-27	133
14	9	-7	-40	-104	-70	230
15	83	-12	-65	-23	-34	217
16	0	-45	-19	-92	-24	180
17	128	-25	-53	-107	-10	323
18	76	-34	-44	-80	-25	259
19	39	-3	-40	-94	-29	205
20	125	-28	-43	-30	-31	257

表 4-1 为组成环相应零件的实际偏差，实验样本数 $N=20$，最后一列为采用人工随机装配所得的数据结果，代入公式(3-6)、公式(3-7)、公式(3-8)计算可得：$\eta=100\%$，$\varepsilon=0.736$，$Q=0.736$（η、ε、Q 分别表示产品的装配率、装配精度和装配质量，其中 $\lambda=\mu=1$）。在随机装配过程中，装配质量的高低，取决于装配工人的技术水平，由实验数据可以看出，当装配尺寸链的组成环数较少及装配样本数较小的情况下，虽然装配率达到很高，但是其装配精度并不高，尤其在大批量生产过程中，随机装配是非常低效的，而采用计算机辅助选择装配，则可以使装配质量达到预定的要求。

表 4-2　最大世代数为 500 时的最优结果

单位：μm

样本数	组成环					
	A_1	A_2	A_3	A_4	A_5	A_0
1	21	-22	-50	-72	-60	225
2	32	-31	-32	-104	-24	223
3	-20	-41	-49	-94	-60	224
4	73	-12	-23	-69	-45	222
5	124	-7	-17	-71	-7	226
6	38	-28	-40	-73	-48	227
7	-19	-42	-65	-101	-34	223
8	94	-10	-44	-62	-19	229
9	106	-3	-21	-30	-62	222
10	-15	-38	-69	-115	-20	227
11	115	-2	-19	-23	-70	229
12	21	-40	-55	-98	-10	224
13	41	-34	-39	-83	-31	228
14	9	-48	-52	-107	-11	227
15	83	-20	-38	-72	-12	225
16	0	-45	-64	-92	-25	226
17	128	0	-43	-22	-27	220
18	76	-25	-40	-80	-5	226
19	39	-28	-53	-69	-39	228
20	125	-1	-43	-23	-29	221

表 4-2 为采用遗传模拟退火算法进行选择装配的实验结果。该算法的最大世代数为 500，初始群体大小 $n=25$，交叉概率 $P_c=0.85$，变异概率 $P_m=0.008$。把该组实验数据代入公式(3-6)、公式(3-7)、公式(3-8)，可以求得：装配率 $\eta=100\%$，装配精度 $\varepsilon=0.991$，装配质量综合指标 $Q=0.991$。

图 4-9 是基于遗传模拟退火算法的装配路径选择示意图，由该图可以直观地看出每一组成环所选的零件序号。在实际装配过程中，我们可以建立一个类似于该矩阵的零件储存柜，利用该图，装配工人就可以迅速找到每次装配所需的零件，节省了装配所用的时间，进而降低了产品的装配成本，提高了企业产品的市场竞争力。

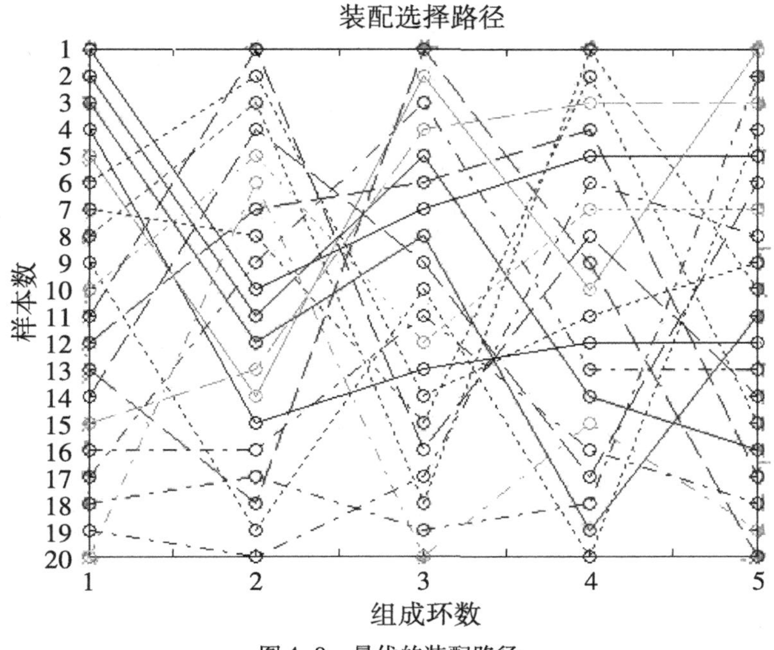

图 4-9　最优的装配路径

图 4-10 是该算法的寻优过程，由该图可以看出，装配质量综合指标 Q 的大小，是随着迭代次数的变化而变化的，迭代次数不断增加时，虽然每一次 Q 的变化是不确定的，但是总的趋势是不断增大的。当迭代次数足够大的时候，遗传模拟退火算法可以寻到较优解，该较优解同时也决定于初始群体的选择。

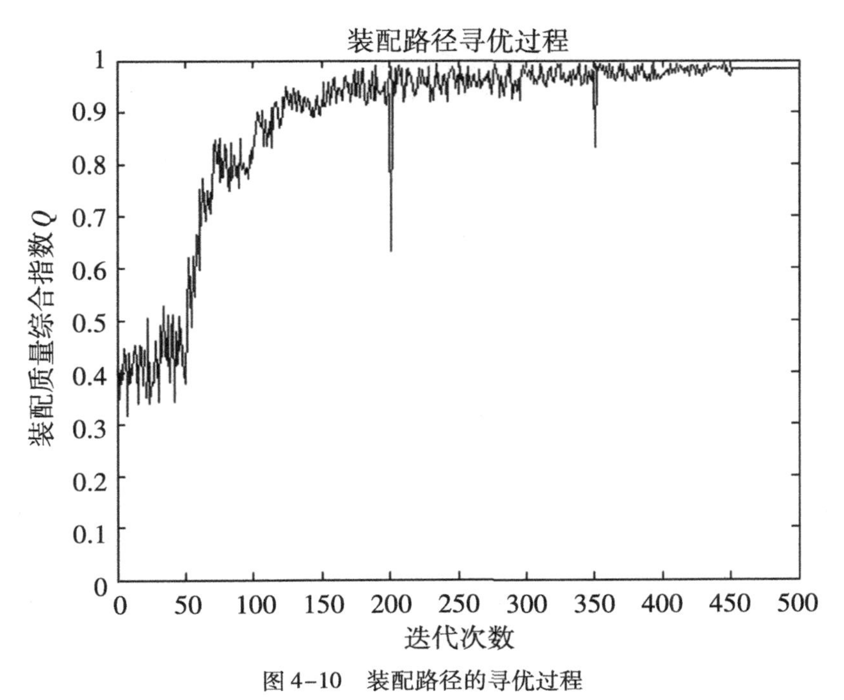

图 4-10　装配路径的寻优过程

由两次的实验结果可知,与人工随机装配相比:在组成环及装配样本数较小的情况下,虽然两种方法都能使装配率 η 达到装配要求,但是采用遗传模拟退火算法时的装配精度 ε 明显要好于采用随机装配时得到的结果,从而使产品的装配质量得到很大提高,进而产品的整体质量也会相应提高。

在实验过程中,我们也选择了较大的样本数进行仿真,以样本数 $N=100$ 时举例。当采用随机装配的方法时,其装配的结果为:装配率 $\eta=93\%$,装配精度 $\varepsilon=0.572$,装配质量综合指标 $Q=0.532$。而在采用遗传模拟退火算法进行辅助选择装配的过程中,当最大世代数为 1 000 时,最终的实验结果为:装配率 $\eta=99\%$,装配精度 $\varepsilon=0.982$,装配质量综合指标 $Q=0.972$。

由实验的数据可知,随着装配样本数的不断增加,采用人工随机装配方法时,各项指标都趋于减小。而采用基于遗传模拟退火算法进行计算机辅助选择装配时,各项指标的减小程度比较缓慢,其优越性体现得更加明显。基于遗传模拟退火算法的计算机辅助选配系统,在提高产品的装配精度和装配率方面都显示出较好的实效性,尤其是对产品的装配精度的影响比较大。

由实验仿真可知,由于遗传算法从问题解集开始搜索,而不是从单个解开始。从而使该算法的覆盖面较大,避免陷入局部最优,利于全局择优。另外该算法仅用适应度函数值来评估个体,并在此基础上进行操作,这就容易形成通用的算法程序。总结该算法,选择体现了向最优解逼近,交叉体现了最优解的产生,变异体现了全局最优解的覆盖。同时用模拟退火算法解决局部收敛问题,提高了算法的搜索精度。

试验分析的结果表明,采用遗传模拟退火算法进行选择装配与采用随机装配相比较:前者可以得到更高的装配精度和装配率,从而提高了产品的装配质量,降低了企业的生产成本,提高了经济效益。这也使得利用软件的方法来提高产品的装配质量变得可行,为机械装配学科提供了一个新的研究方向。

4.6 基于智能算法的计算机辅助选择装配性能指标

要判断不同智能算法用于计算机辅助选择装配的效果,我们需要对其性能进行测试,并定义主要性能指标。

1. 达优率指标

达优率是指智能优化算法寻找的最优解趋于目标最优解的能力。达优率分为离线达优率、在线达优率及平均达优率。

离线达优率是指智能优化算法最终解的目标值与最优解的目标值偏差绝对值与最优解的目标值之比(相对误差)。计算公式如下式,该指标用以衡量算法对问题的最佳优化度,其值越大意味着算法的优化性能越好。

离线达优率的计算公式:$\eta_{\text{off-line}}=1-\dfrac{|C_b-C^*|}{C^*}\times100\%$

其中，C_b 为智能算法达到最大迭代值时所得的最优解，C^* 为组合优化问题的目标最优解。

在线达优率是指算法的每次迭代寻找最优解和最优解目标值偏差绝对值与最优解的目标值之比。计算公式如下式，该指标用以衡量算法的动态最佳优化度，其值越大意味着算法的优化性能越好。

在线达优率的计算公式：$\eta_{\text{on-line}}=1-\frac{|C_b(k)-C^*|}{C^*}\times 100\%$

其中 $C_b(k)$ 为第 k 次迭代所得的最优解，C^* 为组合优化问题的目标最优解。

平均达优率是指智能算法所有迭代所寻找到的最优解的均值和最优解目标值偏差绝对值与最优解的目标值之比。计算公式如下式，该指标用以衡量算法的寻优过程的动态波动特性，其值越大意味着算法的优化性能越好。

平均达优率的计算公式：$\eta_{\text{ave}}=1-\frac{|\overline{C_b}-C^*|}{C^*}\times 100\%$，$\overline{C_b}=\frac{\sum_{k=1}^{NC}C_b(k)}{NC}$

其中$\overline{C_b}$为每次迭代所得的最优解的均值，C^* 为组合优化问题的目标最优解，NC 为最大迭代次数。

2. 鲁棒性指标

鲁棒性是判断智能算法寻优过程的波动情况，在计算机辅助选择装配中，我们以智能算法所有迭代所寻找到的最优解的标准差与最优解目标值之比作为鲁棒性的判断指标。此指标越小，说明系统的鲁棒性越高，系统越稳定。

鲁棒性指标的计算公式：$R=\frac{\sigma(C^*)}{C^*}\times 100\%$，

$$\sigma(C^*)=\sqrt{\frac{1}{NC}\sum_{k=1}^{NC}(C_b(k)-C^*)^2}$$

其中 $\sigma(C^*)$ 为每次迭代所得的最优解的标准差，C^* 为组合优化问题的目标最优解，NC 为最大迭代次数。

3. 时间性能指标

时间性能指标用来评判智能优化算法寻优的速度。在同样的上位机环境下，此性能指标越小，说明算法的优化性能越好。

时间性能指标的计算公式：$\eta_t=\frac{NC\times t_0}{T_{\max}}\times 100\%$

其中 NC 为最大迭代次数，t_0 为每次迭代寻优所用的时间，$T_{\max}$ 为给定的寻优时间阀值。

4. 计算大规模问题能力指标

计算机辅助选择装配多用于大批量产品择优装配，定义用相对偏差和相对频数作为判定智能优化算法计算大规模问题能力指标。

所谓相对偏差是指寻优的封闭环偏差的绝对值与该装配尺寸链采用完全互换装配法的 1/2 封闭环公差之比，也即对理想装配位置的偏离。在相同的寻优环境下，此指标越小，说明算法的寻优能力越强。

相对偏差的计算公式：$E_r = \frac{|E_A|}{(ES_0 - EI_0)/2} \times 100\%$

其中 E_A 表示计算机辅助选择装配寻优的封闭环偏差，ES_0 为封闭环上偏差，EI_0 为封闭环下偏差。

所谓相对频数，是指寻优的合格组成环各偏差的频数与样本数（或批量总数）之比来表示该偏差出现的多少。在相同的寻优环境下，此指标越大，说明算法的寻优能力越强。

相对频数的计算公式：$F_r = \frac{m_s}{M_s} \times 100\%$

其中 m_s 表示计算机辅助选择装配寻优的合格封闭环偏差数量，M_s 表示批量抽取的样本数（或批量总数）。

第5章 基于蚁群算法的计算机辅助选择装配

实践证明，蚁群算法用于计算机辅助选择装配性能指标相对较优。蚁群算法采用的是正反馈机制，寻优过程不断收敛，最终能够最大限度逼近最优解。同时蚁群算法采用分布式计算方式，多个个体同时并行计算，能够极大提高算法的计算能力和运行效率。

5.1 蚁群算法（Ant Colony Algorithm—ACA）

1. 蚁群算法（ACA）的基本理论

蚁群算法（ACA）是在对真实蚁群的行为进行大量的研究之后，受到启发而提出的。生物学研究表明一群互相协作的蚂蚁能够找到食物源和巢之间的最短路径，而单只蚂蚁则不能，蚂蚁个体之间是通过信息素进行信息传递的。蚂蚁在运动过程中，能够在它所经过的路径上留下该种物质，而且蚂蚁在运动过程中能够感知这种物质，一条路上的信息素踪迹越浓，其他蚂蚁将以越高的概率跟随此路径，从而该路径上的信息素踪迹会被加强，因此，由大量蚂蚁组成的蚁群的集体行为便表现出一种信息正反馈现象：某一路径上走过的蚂蚁越多，则后来者选择该路径的概率就越大。

下面我们用图 5-1 来说明蚂蚁群体的路径搜索原理和机制。

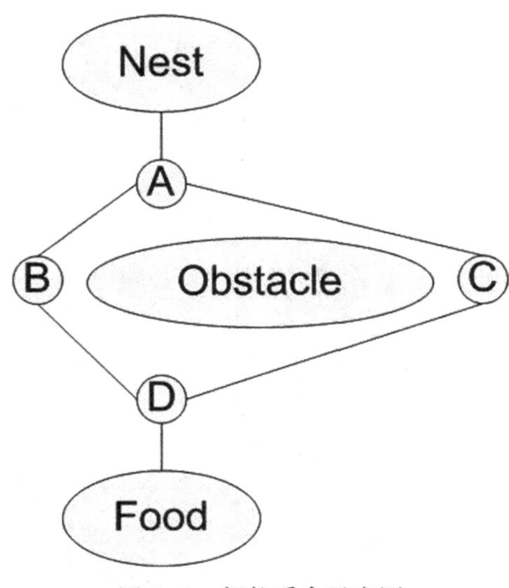

图 5-1 蚂蚁觅食示意图

假定蚂蚁可以选择障碍物周围的两条道路 ABD 和 ACD 从巢穴到达食物源,分别具有长度 4 和 6。蚂蚁的速度为单位时间内移动一个单位长度的距离。开始时所有道路上都未留有任何信息素。

在 $t=0$ 时刻,20 只蚂蚁从巢穴出发移动到 A。它们以相同概率选择 ABD 或 ACD,因此平均有 10 只蚂蚁走左侧,10 只走右侧。

在 $t=4$ 时刻,第一组到达食物源的蚂蚁将折回。

在 $t=5$ 时刻,两组蚂蚁将在 D 点相遇。此时 BD 上的信息素数量与 CD 上的相同,因为各有 10 只蚂蚁选择了相应的道路。从而有 5 只返回的蚂蚁将选择 BD,而另 5 只将选择 CD。

在 $t=8$ 时刻,前 5 只蚂蚁将返回巢穴,而 AC、CD 和 BD 上各有 5 只蚂蚁。

在 $t=9$ 时刻,前 5 只蚂蚁又回到 A 并且再次面对往左还是往右的选择。

这时,AB 上的轨迹数是 20,而 AC 上是 15,因此将有较为多数的蚂蚁选择往左,从而增强了该路线的信息素。随着该过程的继续,两条道路上信息素数量的差距将越来越大,直至绝大多数蚂蚁都选择了最短的路线。正是由于一条道路要比另一条道路短,因此,在相同的时间区间内,短的路线会有更多的机会被选择。

图 5-2 是蚂蚁觅食的仿真过程,其中的树叶形状为障碍物,蚂蚁的数量为 100 只。开始时,蚂蚁从巢穴出发向各个方向前进,并且释放窝的信息素,以便能迅速找到返回的路径,同时信息素也在不断地蒸发消失,如图(5-2(a))所示;5 s 后,第一只蚂蚁找到食物,返回并释放食物信息素,以便其他的蚂蚁能快速找到该食物,同样该信息素也在不断地减少,如图(5-2(b))所示;15 s 之后,所有的蚂蚁都已找到该食物,由释放的信息素轨迹可以看出,返回的较短路径初步形成,如图(5-2(c))所示;40 s 之后,蚂蚁最终会在巢穴与食物之间选择一条最短的路径,如图(5-2(d))所示。该蚁群算法仿真的快慢除了取决于所选的蚂蚁个数及迭代的最大次数外,同时还取决于实验者所选的微机型号。

(a)开始

(b)5 s后

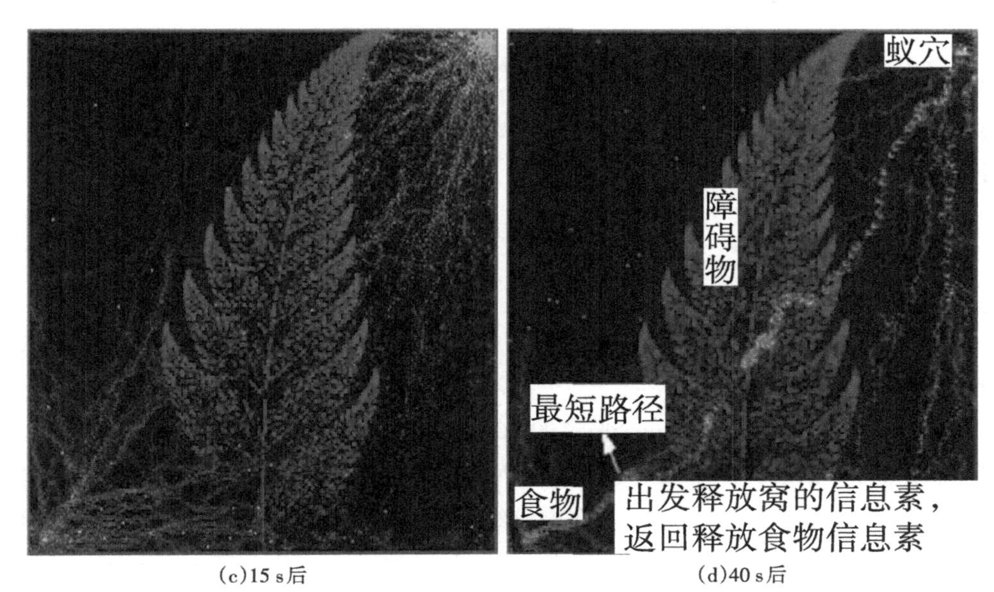

(c)15 s后　　(d)40 s后

图 5-2　蚂蚁觅食的仿真过程

通过描述可知蚂蚁觅食协作方式的本质是：

(1)信息素踪迹越浓的路径，被选中的概率越大，即路径概率选择机制。

(2)路径越短，在上面的信息素踪迹增长得越快，即信息素更新机制。

(3)蚂蚁之间通过信息素进行通信，即协同工作机制。

2. 蚁群算法(ACA)的数学模型

蚁群算法最初用于求解旅行商问题(TSP)，TSP 是指一个商人欲到 n 个城市去推销商品，希望选择一条路径，当商人依次经过每个城市一遍后又回到起点时所走路径最短。TSP 是一个典型的易于描述却难以大规模处理的 NP—Hard 问题。有效地解决 TSP 问题具有重要的理论意义和应用价值，它已成为验证组合优化算法有效性的一个间接标准。

设 d_{ij}是城市 i 和 j 之间的距离，一个 TSP 问题可由图(N,E)给定，其中 N 是城市的集合，E 是城市之间的支路集合，令 $b_i(t)(i=1,2,\cdots,n)$ 为 t 时刻城市 i 上的蚂蚁数，则蚂蚁的总数为 $m=\sum_{i=1}^{N} b_i(t)$ 。每只蚂蚁可以认为是具有下列特征的简单智能体：

(1)其选择城市的概率是城市之间的距离和连接支路上所包含的当前信息素余量的函数；

(2)为了强制蚂蚁进行合法的周游，直到一次周游完成时，才允许蚂蚁游走已访问过的城市(这可由禁忌表来加以控制)；

(3)当完成一次周游，蚂蚁在每条访问过的支路(i,j)上留下一种叫信息素的物质。

令 $\tau_{ij}(t)$ 为支路(i,j)在时刻 t 上的信息素强度，每只蚂蚁在 t 时刻选择下一个城市，并在 t+1 时刻到达那里。因此，若我们称由 m 只蚂蚁在区间(t,t+1) 内做的 m 次移动为 ACA 算法的一次迭代，则算法每迭代 n 次(称为一个周期)，每只蚂蚁就完成了一次周游。在这个时间点，信息素强度可根据下面的公式进行更新：$\tau_{ij}(t+n)=\rho\tau_{ij}(t)+\Delta\tau_{ij}$，$\rho$ 为信息素的余量系数，$1-\rho$ 代表在 t 时刻与 $t+n$ 时刻之间信息素的挥发程度，$\Delta\tau_{ij}=\sum_{k=1}^{m}\Delta\tau_{ij}^{k}$，$\Delta\tau_{ij}^{k}$ 为第 k 只蚂蚁在 t 时刻与 $t+n$ 时刻之间留在支路(i,j)上的单位长度信息素量。可按下式进行计算：

$$\Delta\tau_{ij}^{k}=\begin{cases}\dfrac{Q}{L_k}, t \text{ 到 } t+n \text{ 之间第 } k \text{ 只蚂蚁过该支路}\\ 0, \text{其他}\end{cases} \tag{5-1}$$

式中：Q 为常数，L_k 是第 k 只蚂蚁的周游长度。系数 ρ 必须设为一个小于 1 的数，以避免信息素无限制地积累。

为满足一只蚂蚁访问所有 n 个城市的约束，我们将每只蚂蚁与一个称为禁忌表的数据结构联系起来，该表存储了直至时刻 t 的所有已访问城市，并禁忌蚂蚁在 n 次迭代（一个周游）结束之前再次访问它们。一次周游结束时，该禁忌表可被用来计算蚂蚁的当前解（即蚂蚁所走的路线长度）。我们定义 $Tabu_k$ 为包含第 k 只蚂蚁禁忌表的动态增长矢量，$tabu_k$ 为从 $Tabu_k$ 的元素得到的集合，$tabu_k(s)$ 为表中的第 s 个元素（即第 k 只蚂蚁在当前游走中访问的第 s 个城市）。

定义 η_{ij}为能见度或称为局部启发因子，η_{ij}是与路径(i,j)相关联的基于问题的启发式信息值，表示由城市 i 到城市 j 的期望程度。$\eta_{ij}=\dfrac{1}{d_{ij}}$，$d_{ij}$是城市 i 和 j 之间的距离，这个量在蚁群算法运行过程中不作修改，在具体的应用实例中，该因子的取值要作相应的改变。

由上面的描述，我们定义蚂蚁 k 从 i 城到 j 城的转移概率为：

$$P_{ij}^{k}(t)=\begin{cases}\dfrac{[\tau_{ij}(t)]^{\alpha}\cdot[\eta_{ij}]^{\beta}}{\sum\limits_{k\in\{\text{允许}k\}}[\tau_{ik}(t)]^{\alpha}\cdot[\eta_{ik}]^{\beta}}, j\in\{\text{允许} j\}\\ 0, \text{其他}\end{cases} \tag{5-2}$$

其中允许 $k=\{n-tabu_k\}$，α 和 β 为控制信息素和能见度之间相对重要性的参数。因此，转移概率是能见度（意味着近的城市被选中的概率大，这样就执行了贪婪性试探法）和 t 时刻信息素浓度之间的折中方案[意味着若在此支路(i,j)上有很大交通量时，那么这条支路是很有吸引力的，这样就执行了自催化过程]。

了解蚁群算法的实现过程，我们可以总结该算法在具体应用中的步骤，以经典 TSP 问题为例，蚁群算法求解的一般步骤如下：

在零时刻，首先进行的是初始化步骤，将蚂蚁安置在不同的城市，同时设置支路上信息素的初始值 $\tau_{ij}(0)$，所有蚂蚁禁忌表内第一个元素被设成它的出发点。此后，每只蚂蚁从城市 i 向城市 j 游走，它选择城市的概率是两个满意度指标的函数。其中，$\tau_{ij}(t)$表明过去有多少蚂蚁选择了相同的支路(i,j)，而能见度 η_{ij}意味着城市越近就越可取。

在经过 N 次迭代后，所有蚂蚁都完成了一次周游，它们的禁忌表将全满。此时已算得每只蚂蚁 k 的 L_k 值，这样，$\Delta\tau_{ij}^{k}$的值也得到了更新。同时，可以存储蚁群所找到的最短路径（即 $\min L_k, k=1,2,\cdots,m$），清空所有的禁忌表。这个过程可一直迭代到周游计数器

达到最大值 NC_{max}，或所有的蚂蚁都在作相同的周游。把每只蚂蚁所找到的最短路径进行排序，就可以得到算法的最终优化结果。如图 5-3 是算法的流程图。

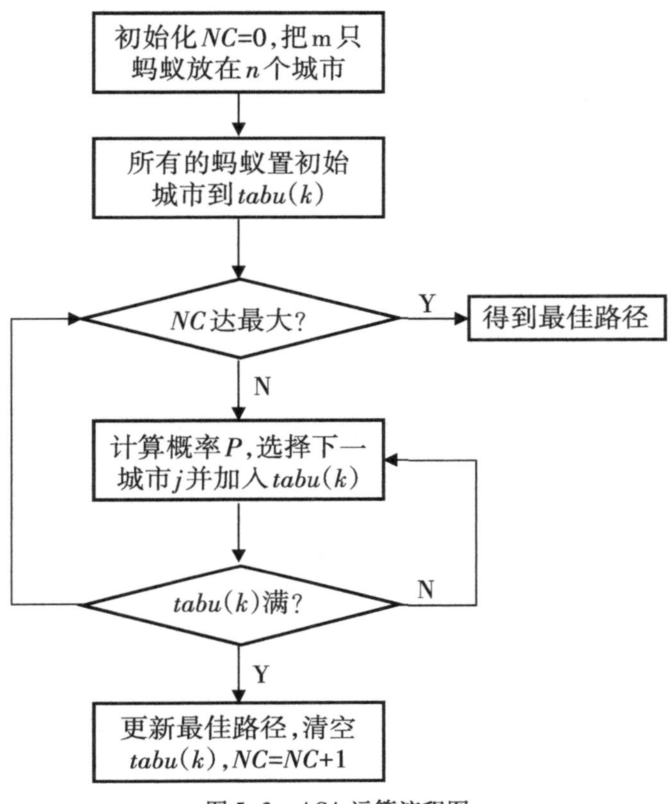

图 5-3　ACA 运算流程图

3. 蚁群算法的特点

蚁群算法（ACA）是一种智能优化仿生算法，其显著特点为：

（1）其原理是一种正反馈机制或称增强型学习系统，它通过信息素的不断更新达到最终收敛于最优路径上；

（2）它是一种通用型随机优化方法，但人工蚂蚁绝对不是实际蚂蚁的一种简单模拟，它融进了人类的智能；

（3）它是一种分布式的优化方法，既可进行串行计算，也可进行并行计算；

（4）它是一种全局优化的方法，不仅可用于求解单目标优化问题，而且可用于求解多目标优化问题；

（5）它是一种启发式算法，计算复杂度为 $O(NC \cdot m \cdot n^2)$，其中 NC 是迭代次数，m 是蚂蚁数目，n 是节点数目。

5.2 蚁群算法(ACA)在选择装配中的应用

1. 基于 ACA 的选择装配系统的解构造图

由于大多数研究者提出的蚁群算法都建立在解构造图的基础上,因此有学者对蚁群算法的解构造图作了一般性描述:假设一个组合优化问题(S,f) ,其中 S 为可行解集合,$f:S\rightarrow R$ 为解代价函数。不失一般性,令最小化问题的目标为找到一个最优解 $s^*=\min f(s),(s\in S)$。假设该组合优化问题能映射为具有如下属性的解构造图 $G=(V,A,\Gamma,\Omega)$:

(1)结点 $v\in V\backslash v_0$ 为解构成元素,其中 v_0 为虚拟的起始结点,$|V|$表示解构造图 G 中的结点个数。

(2)弧的集合 A 连接结点集 V 中某些结点,$|A|$表示弧的数目。

(3)信息素分布 Γ 与解构造图上的结点相关联,称为结点模式信息素分布模型,作为解空间参数化概率分布模型的参数。它代表该结点对解质量的影响,即一个好的解包含该结点的期望程度。

(4)有限状态集合χ,定义为在结点集合 V 上的所有可能的结点序列集合 $x^{(k)}=(x_0,x_1,\cdots,x_k)\in\chi$,其中 $x_0=v_0$;$x_{i\neq 0}\in V\backslash v_0$,$|x^{(k)}|$表示 $x^{(k)}$ 中除 v_0 外结点的数目。显然$|x^{(k)}|=k$。

(5)可行状态集合$\bar{\chi}$ 为χ 中满足约束 Ω 的子集$\bar{\chi}=\{x\in\chi,x\ S.\ T.\ \Omega\}$,可行状态(即结点序列)代表组合优化问题的可行部分解。

(6)最终可行状态集合 $S\subseteq\bar{\chi}$,最终可行状态代表组合优化问题的可行完整解。该完整解在不同的应用中代表不同的含义,在本章中,该完整解是一个符合要求的组合。

(7)非空目标状态(结点序列) 集合 $S^*\subseteq S$,目标状态代表组合优化问题的最优解。

由上所述,我们可以建立计算机辅助选择装配系统的解构造图 $G=(A,V)$,A 为所有结点的组合(即要装配的零件),V 为有向弧的集合。如图 5-4 所示,由于我们所关心的结果是关于各零件间的组合,并不是各有向弧的大小。因此,我们对通常的解构造图进行改进,建立一个考虑信息素分布为结点模式的蚁群算法解构造图模型。

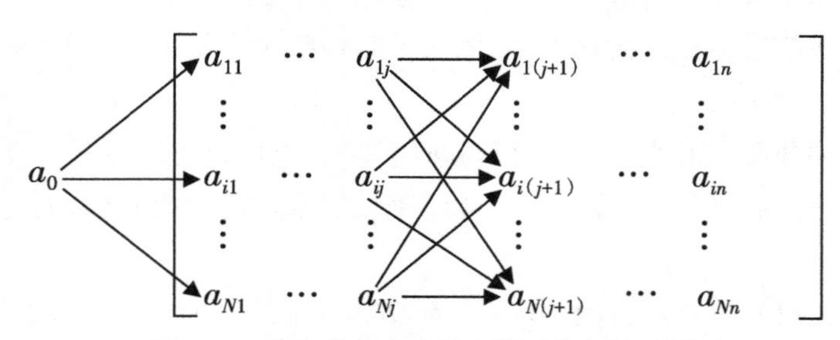

图 5-4 信息素分布为结点模式的解构造图

假设装配尺寸链的组成环数为 n,每一组成环对应有 N 个零件,即欲要装配 N 套产品。首先建立一个 N 行 n 列的矩阵,第 j 列的结点集合记为 A_j,弧仅存于属于第 j 列的结点 $a\in A_j$ 和属于第 $j+1$ 列的结点 $b\in A_{j+1}$ 间,并且方向为从 $a\in A_j$ 指向 $b\in A_{j+1}$,对虚拟起始

点相应地有 $A_0=\{a_0\}$。其中结点 a_{ij}表示装配序列 o 的第 j 个组成环的第 i 个要装配的零件(也可以把 a_{ij}定义为零件的实际尺寸),即 $o(j)=i$,连接结点 a_{ij} 和 $a_{l(j+1)}$ 的有向弧为从 a_{ij}到 $a_{l(j+1)}$。

2. 基于 ACA 的选择装配系统的数学描述

如图 5-4,蚂蚁从虚拟的起始点 a_0 出发,一步一步地为装配序列的每一个组成环选择一个合适的零件,从而构造出一个完整的装配序列 o。在解构造的第 i 步,当蚂蚁 m 位于结点 $a_{i(j-1)}$ 且已构造好的部分结点序列(可行部分解)为 $o'=o^{(j-1)}$ 时,则蚂蚁 m 在结点 $a_{i(j-1)}$ 可行邻域为 $N^m(a_{i(j-1)})=\{a_{lj} \mid l\notin o'\}$,其中 $l\notin o'$代表那些还没有被蚂蚁 m 访问的结点。蚂蚁在可行邻域中选择访问下一个结点 a_{ij},其中 a_{ij}表示第 j 列的结点 $a_{ij}\in A_j$,此次访问代表装配序列的第 j 个组成环选择使用第 i 个零件。此外 $\tau_{ij}(t)$、$\eta_{ij}(t)$ 分别表示对应结点 a_{ij}的信息素浓度和基于问题的启发式信息,信息素浓度 $\tau_{ij}(t)$ 意味着第 j 个组成环选择使用第 i 个零件的期望程度。我们定义 $P^m_{i(j+1)}(t)$ 表示蚂蚁 m 在已构造好的部分结点序列(可行部分解)$o'=o^{(j)}$ 时,从结点 $a_{o(j)j}$移动到结点 $a_{i(j+1)}$ 的概率,其表达式如式(5-3):

$$P^m_{i(j+1)}(t)=\begin{cases}\dfrac{[\tau_{i(j+1)}(t)]^{\alpha}\cdot[\eta_{i(j+1)}(t)]^{\beta}}{\sum\limits_{\{l \mid a_{l(j+1)}\in N^m(a_{o(j)j})\}}\left([\tau_{l(j+1)}(t)]^{\alpha}\cdot[\eta_{l(j+1)}(t)]^{\beta}\right)} & a_{i(j+1)}\in N^m(a_{o(j)j})\\ 0 & a_{i(j+1)}\notin N^m(a_{o(j)j})\end{cases} \tag{5-3}$$

从虚拟的起始点 a_0 出发,蚂蚁运用式(5-4)的伪随机比例状态迁移规则在图 G 中一步一步构造出问题的解:

$$o(j+1)=\begin{cases}\underset{\{l \mid a_{l(j+1)}\in N^m(a_{o(j)j})\}}{\arg\max}\left([\tau_{l(j+1)}(t)]^{\alpha}\cdot[\eta_{l(j+1)}(t)]^{\beta}\right) & \text{if } q<q_0\\ s' & \text{otherwise}\end{cases} \tag{5-4}$$

伪随机数 $q\in[0,1]$,参数 $q_0\in[0,1]$ 决定了蚁群在图 G 中的搜索时知识的利用与探索的权重。在搜索过程中,蚂蚁以概率 q_0 选择具有最大 $[\tau_{l(j+1)}(t)]^{\alpha}\cdot[\eta_{l(j+1)}(t)]^{\beta}$ 的零件 l 放置到装配序列的第 $j+1$ 个组成环上,即 $o(j+1)=l$,蚂蚁完全按照信息素踪迹及问题的启发式信息的指引来选择路径,这种情况称为知识的利用。与此对应,蚂蚁以概率 $1-q_0$ 进行有偏向性的探索,在此情况下,蚂蚁将以概率 $P^m_{s'(j+1)}(t)$ 选择零件 s'放在第 $j+1$ 组成环上,即 $o(j+1)=s'$。

若第 m 只蚂蚁访问了零件 a_{ij},则把 i 作为该零件的编号,存储在二维数组 $R[M][n-1]$,$R[m-1][n-1]$存储第 m 只蚂蚁所经过的 n 个零件的编号。n 次迭代完成之后,可以计算出每只蚂蚁遍历的长度 y_m,选取其中满足 $EI_0\leqslant y_l\leqslant ES_0$。假设共有 S 个,ES_0、EI_0 分别表示封闭环的上下偏差。然后把 y_l 按从小到大排列,若 $S\leqslant N$,则全选,否则选取前 N 个。选取的原则:每只蚂蚁在第 j 列所访问过的零件不能有相同的,即每列的各个零件只能出现在一个尺寸链之中。为此,可以比较 $R[m][n-1]$和 $R[m-1][n-1]$中的元素是否

有相同的,若有,则选取 $R[M][n-1]$ 的下一行。求出 y_l、S 之后,代入目标优化函数(3-8):

$$\max Q=\varepsilon^{\lambda}\eta^{\mu}=\left(1-\frac{\sqrt{\frac{1}{S}\sum_{l=1}^{S}(y_l-\Delta_0)^2}}{T_0}\right)^{\lambda}\cdot\left(\frac{S}{N}\right)^{\mu} \tag{5-5}$$

算出 Q 的值,至此算法的一次循环完成。重复迭代该运算过程,直到计数器达到最大值 NC_{max}(预先设置),算法的寻优过程趋于停止,即可得到一组较优的装配组合。

3. 信息素的更新

信息素更新分为两个阶段:局部信息素更新(local pheromone update)和全局信息素更新(global pheromone update)。在算法的每次迭代中,在解构造的每一步,蚂蚁在解构造图上访问的解构成元素上的信息素将被更新,这称为局部信息素更新。在每次算法迭代时,当蚁群中的所有蚂蚁的解构造旅行已经结束后,将由一些特定的蚂蚁在其所经过的路径上进行全局信息素更新。其中解构成元素为结点。

Wang 和 Wu 在 2002 年提出了蚂蚁种子策略(ants-seed strategy)来决定哪些蚂蚁将有权在其路径中的解构成元素上更新信息素。蚁群种子策略的核心是一个动态的蚂蚁种子集 θ,在算法的运行过程中,θ 的长度动态可变,θ 包含 λ_g 个全局精英蚂蚁和 λ_b 个局部精英蚂蚁,分别代表到当前算法迭代为止,找到目前最好的 λ_g 个解的蚂蚁和找到当前算法迭代中最好的 λ_b 个解的蚂蚁,只有蚂蚁种子集中的蚂蚁才有权在其路径中的解构成元素上更新信息素。蚂蚁种子集 θ 中的全体蚂蚁所构造的解对应蚂蚁种子解集 S_t^e,某个蚂蚁所构造的解对应蚂蚁种子解 $s\in S_t^e$,蚂蚁种子解集 S_t^e 中的解必须不相同,所有解按照其解代价排列优先级,解代价越小,优先级越高。如果两个解的代价相同,则新构造的解具有更高的优先级。以上蚂蚁种子策略可表示为:构造了蚂蚁种子解 $s\in S_t^e$ 的各蚂蚁(即蚂蚁种子集中的蚂蚁)将按照其解质量 $Q_f(s)$ 在其旅行路径上留下信息素,解质量函数 $Q_f(s)$ 是关于解代价 $f(s)$ 的非增函数。综上所述,各路径上的信息素将按照下式进行更新:

$$\begin{cases}\tau_{ij}(t+1)=\max(\tau_{\min},(1-\rho)\cdot\tau_{ij}(t)+\rho\cdot Q_f(o)) & \mathrm{ant}(o)\in\theta\wedge i=o(j)\wedge i\neq s(j)\\ & s\in\{s\mid \mathrm{ant}(s)\in \mathrm{left}(\theta,\mathrm{ant}(o))\}\\ \tau_{ij}(t+1)=\max(\tau_{\min},(1-\rho)\cdot\tau_{ij}(t)) & \mathrm{else}\end{cases} \tag{5-6}$$

其中:$Q_f(o)=\dfrac{(1-(\mathrm{Nstag}/50)^{0.2})}{f(o)}$,$\tau_{\min}=\dfrac{1}{10f(o)}$

$\mathrm{ant}(o)$ 是构造出解 o 的蚂蚁,$o(j)$ 是装配序列 o 中的第 j 个组成环。$\mathrm{left}(\theta,a)$ 是蚂蚁种子集 θ 中优先级高于蚂蚁 a 的蚂蚁集合。$\rho\in[0,1]$ 为信息素踪迹挥发系数。$f(o)$ 是解 o 的代价函数。Nstag 是算法运行过程中未能找到更好的解的算法迭代次数。此外,解质量函数 $Q_f(o)$ 和信息素下限 $\tau_{\min}$ 实现了算法的停滞状态脱离机制和信息素踪迹限制机制。

所谓停滞状态是指算法在经过很多次迭代后,当前解仍不能得到改进。在本算法中,函数 $Q_f(o)$ 的分子 $(1-(\text{Nstag}/50)^{0.2})$ 随着 Nstag 的增加而从 1 开始平滑下降,这样,θ 中的蚂蚁将在其经过的那些很多次迭代都未能改进的解路径上释放较少的信息素,甚至擦去一部分信息素,这样将促使蚁群脱离停滞状态。

算法中设置信息素踪迹的下限 $\tau_{\min}$,以避免算法的过早停滞。由于停滞状态脱离机制的作用,且信息素踪迹浓度 τ_{ij} 满足 $\lim\limits_{t\to\infty}\tau_{ij}(t)\leqslant\dfrac{1}{f(o^{\text{opt}})}$($o^{\text{opt}}$ 是问题的最优解),因此信息素浓度的上限是不需要的。搜索路径上信息素踪迹浓度初始为 $\tau_0=\dfrac{0.5}{f(o^{\text{ini}})}$,其中 o^{ini} 为初始解,该初始解可以随机选择或由简单的解构造算法得到。

在蚁群优化算法中,问题的解是由蚁群概率性地构造得到的。然而,无论是由随机产生初始解或由简单的解构造算法得到初始解,由该初始解出发的迭代局部搜索算法,其效果相对来说都不是最好的。因而,在实际运用中,有时蚁群优化算法经常与下降搜索,如模拟退火、禁忌搜索等邻域搜索算法相结合,可以进一步改进由蚁群算法构造产生的最优解。

4. 启发式信息 η_{ij} 的选择

我们采用一种计算非常方便的基于 Dannenbring 启发式方法的启发信息。令:

$$T_{1j}=\sum_{i=1}^{N}(N-i+1)\Delta_{ij},\ T_{2j}=\sum_{i=1}^{N}i\Delta_{ij} \tag{5-7}$$

其中 Δ_{ij} 为第 j 个组成环的第 i 个欲装配的零件的实际偏差。Dannenbring 启发式方法是基于 Flowshop 问题提出来的,其思路是把多机的 Flowshop 问题转化为以 T_1、T_2 为加工时间的两机调度问题,用两机 Flowshop 调度问题的 Johnson 方法,最终求出作业排序问题。本章把 Johnson 方法进行改进,以便应用于零件选择装配过程中:

(1)利用式(5-7)把第 j 列的零件分成 p、q 两组,p 中的零件 $T_{1j}<T_{2j}$,q 中的零件 $T_{1j}\geqslant T_{2j}$。

(2) p 中的零件按 T_{1j} 升序排列,q 中的零件按 T_{2j} 的降序排列。

(3)合并排序后的 p、q 组的零件,p 组在前,q 组在后。

在解构造的第 K 步:

$$\text{if}(K<|p|)\quad \eta_{ij}=\tau(0)[(T_{1j}<T_{2j})\cdot(1:0.1)]\frac{\bar{p}}{T_{1j}};$$

$$\text{else}\quad \eta_{ij}=\tau(0)[(T_{1j}<T_{2j})\cdot(0.1:1)]\frac{T_{2j}}{\bar{q}}$$

该启发信息值的作用是,在装配前 $\bar{p}$ 个零件时,属于 p 组的零件具有较大的优先级,并且 T_{1j} 越小,优先级越大。在装配后 $\bar{q}$ 个零件时,属于 q 组的零件具有较大的优先级,并且 T_{2j} 越大,优先级越大。

5.3 基于蚁群算法的计算机辅助选择装配仿真

仍采用第 4 章所描述的双联齿轮的装配为例加以分析:

装配尺寸链方程为：$y(A_0)=A_1-(A_2+A_3+A_4+A_5)$

封闭环尺寸为：$A_0=0^{+0.35}_{+0.10}$ mm

封闭环中间偏差为：$\Delta_0=\dfrac{0.35+0.10}{2}$ mm $=0.225$ mm $=225\,\mu$m

封闭环公差为：$T_0=(0.35-0.10)$ mm $=0.25$ mm $=250\,\mu$m

选取样本数 $N=20$ 进行试验。同第 3 章，当采用人工随机装配法所得的实验数据为：$\eta=100\%$，$\varepsilon=0.736$，$Q=0.736$。当采用蚁群算法进行计算机辅助选择装配试验时，首先要建立结点模式的解构造图，即建立以各组成环的实际尺寸为元素的矩阵。在本试验中，可以做一下变换，建立以各组成环的实际偏差为元素的矩阵。如图 5-5 所示，该图并没有画出算法的虚拟起点，但是在编程实现的时候还需要设置一个虚拟起始点。

算法的最大迭代次数 $NC_{max}=500$ 时，蚂蚁的数量为 $m=100$ 只，信息素的余量系数 $\rho=0.85$，迭代的最优结果如图 5-6 所示，把各零件对应的实际尺寸值代入公式(3-6)、公式(3-7)、公式(3-8)，求得的结果为：装配率 $\eta=100\%$，装配精度 $\varepsilon=0.993$，装配质量综合指标 $Q=0.993$。

21	−2	−39	−62	−7
32	−28	−17	−101	−5
−20	−10	−43	−72	−12
73	−48	−38	−98	−62
124	−38	−32	−72	−60
38	−1	−55	−69	−11
−19	−40	−50	−115	−20
94	−42	−49	−23	−39
106	0	−52	−83	−48
−15	−22	−21	−71	−19
115	−31	−64	−73	−60
21	−41	−69	−69	−45
41	−20	−23	−22	−27
9	−7	−40	−104	−70
83	−12	−65	−23	−34
0	−45	−19	−92	−24
128	−25	−53	−107	−10
76	−34	−44	−80	−25
39	−3	−40	−94	−29
125	−28	−43	−30	−31

图 5-5　组成环偏差构成的矩阵

```
"E:\算法实现\Debug\ACA.exe"

满足条件的装配数为:20。
装配率为:100%。
装配精度为:0.993。
装配质量综合指标为:0.993
装配路径分别为:
4 3 10 11 9
17 9 8 15 13
12 12 17 14 17
8 15 4 6 6
11 6 2 13 14
5 1 16 5 1
13 11 19 18 15
10 4 15 7 3
6 20 20 10 12
9 14 13 20 5
18 17 1 9 2
2 18 14 19 18
14 5 9 2 16
19 2 6 1 8
1 13 7 3 4
7 16 11 17 19
20 19 3 8 20
15 10 5 12 7
3 7 18 4 11
16 8 12 16 10
Press any key to continue
```

图 5-6　程序输出的结果

图 5-7 是蚂蚁的最优选择路径,从该图可以直观地看出在每次装配中,各组成环所需要的零件编号。如第 3 章所述,在实际装配过程中,我们也可以建立一个类似于该矩阵的零件储存柜,以使装配工人可以迅速地找到每次装配所需的零件。图 5-8 是基于蚁群算法的寻优过程,表示装配质量随着迭代次数的增加而不断变化的过程,由该图我们可以看出,在选择装配过程中,蚁群算法比遗传模拟退火算法能够更快地找到较优解。

同样,实验过程中,我们也选择了较大样本数进行仿真。例如试验样本数 $N=100$ 时,采用蚁群算法进行选择装配,算法的最大迭代次数 $NC_{max}=700$,蚂蚁数量 $m=500$ 只,其余参数的设置保持不变。把迭代的最优装配组合中各组成环所对应的零件的实际尺寸值代入公式(3-6)、公式(3-7)、公式(3-8),所得结果为:装配率 $\eta=100\%$,装配精度 $\varepsilon=0.978$,装配质量综合指标 $Q=0.978$。由实验结果可知,与遗传模拟退火算法相比,在样本数不断增加时,基于蚁群算法的选择装配方法,所得的装配质量综合指标相对更大,即采用该方法所得到的产品装配质量更好,同时该算法的核心在于循环,有利于编程的实现。

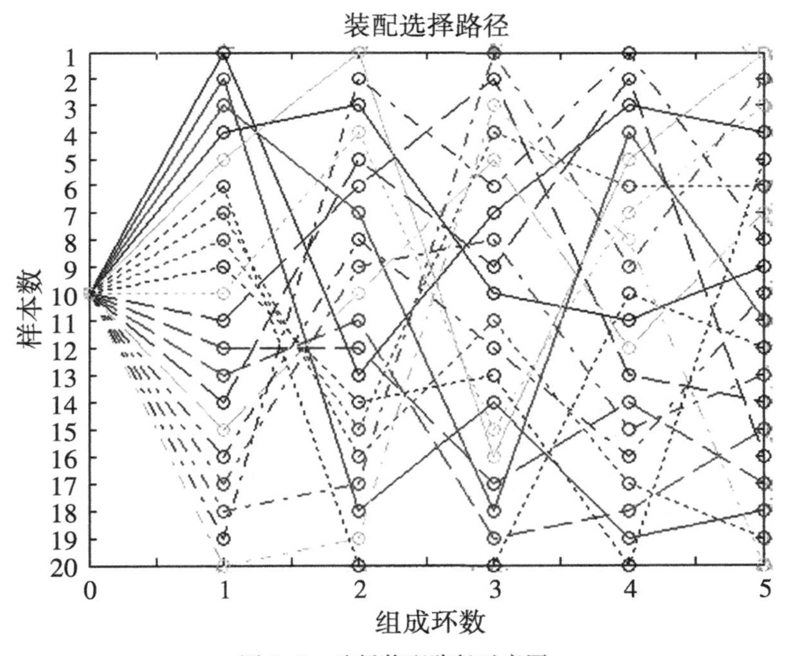

图 5-7 选择装配路径示意图

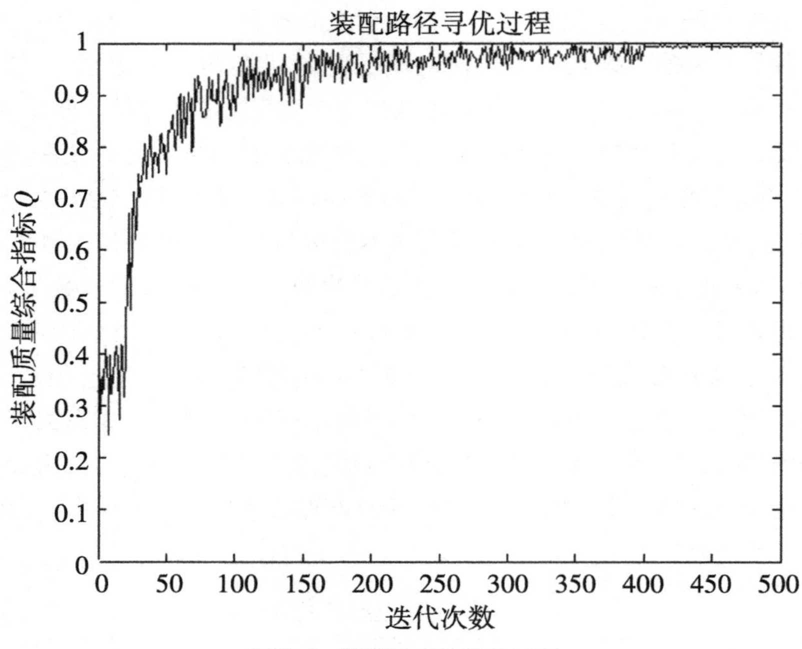

图 5-8　装配路径的寻优过程

5.4　算法程序伪码

利用 C++语言进行编程，运行环境为 VC++ 6.0，算法的主要程序见附录，算法的主要代码描述如下：

(1) 初始化

NC：=1 {NC 为周期计数器}

设置信息素强度初值 $\tau_{ij}=c,\Delta\tau_{ij}=0$；

把 M 只蚂蚁放在虚拟的起点 a_0；

(2) for j：=1 to n do{j 为列数}

产生 M 个随机数；

fork：=1 to M do

计算转移概率 P_{ij}；

if rand(k)>0.5，按 P_{ij} 选择零件 a_{ij}；

else 寻找新零件 a_{ij}；

移动蚂蚁 k 至零件 a_{ij}；

把蚂蚁 k 所选零件 a_{ij} 的序号存入 R[k][j-1]；

end k

for 零件 a_{ij}

局部更新信息素 τ_{ij}；

end j

(3) for k:=1 to M do

计算蚂蚁 k 遍历的路径长度;

for 每个零件 a_{ij}

全局更新信息素 τ_{ij};

把 M 条路径按长度升序排列;

并把相应的零件序号重新存入 R[k][j-1];

记录满足条件的路径数;

计算装配率 η、装配精度 ε、装配质量 Q;

NC:=NC+1

(4) 若 NC<maxNC

返回(2);

否则

寻找最大的装配质量 maxQ;

输出结果;

停止

基于蚁群算法的计算机选择装配是计算机辅助选配系统的一种典型的寻优算法实现方法。由仿真试验结果可以看出,该方法可以更好地解决机械装配过程中零件的剩余量问题,同时也达到了装配后得到较小的封闭环偏差的目的,使产品的装配质量得到较大的提高。总之,利用软件方式来提高产品装配的质量,在实际生产过程中是可行的,这一方法将会成为机械装配学科研究的一个新焦点。

第6章 基于蚁群算法的计算机辅助选择装配应用案例

作者从事计算机辅助选择装配十余年的深入研究,公开发表论文多篇,尝试将基于蚁群算法的计算机辅助装配技术应用于多个领域,达到了非常好的实践效果。本章将作者四篇典型的研究论文进行集合,形成应用典型案例,以供同行研究学者或相关实践领域专家参考使用。

6.1 案例一:基于蚁群算法的电梯层门选择装配

摘要:由于安装工艺水平的原因,门系统的故障率在电梯的总故障率中占相当高的比例。如何进行选择装配门板,以使每一层层门门扇间的间隙均匀划一,是一个非常重要的课题。文中提出一种基于蚁群算法的计算机辅助选择装配层门的方法,能够很好地解决该问题。蚁群算法(ACO)是一种新型的基于种群的模拟进化算法,属于随机搜索算法。为了对各门扇进行组合优化,文中提出一个以装配质量综合指标为优化目标的数学模型,作为厂家在包装之前的调配依据。通过实际项目应用,验证了该方法的实效性。

关键词:电梯;层门;装配质量;蚁群算法

A method for mounting landing doors with ant colony optimization

Abstract: The door system failure rate accounted for a considerable proportion in the elevator total failure rate, due to the installation of technology reason. How to choose the door assembly is a very important topic. This paper proposes an algorithm to solve this problem with ant colony optimization for computer aided selective assembly landing door. The ant colony optimization (ACO) is a novel algorithm based on the population of simulated evolutionary, which belongs to the random search algorithm. The authors present a mathematical model of a comprehensive index to the assembly quality as the target of optimization. Through the actual project application, this method is very effective.

Key words: elevator; landing door; assembly quality; ACO

1. 引言

电梯门机构是电梯工作中运行最为频繁的系统。它不但直接体现电梯的外观品质,同时直接关系到电梯的安全可靠运行。许多电梯生产厂家虽不断设计出结构简单、安装方便、工作噪声低、效率高的先进门系统，但是门系统的故障率在电梯的总故障率中仍占相当高的比例。寻其原因，大多是由于门系统的安装工艺没有达到设计要求。

根据 GB 7588—2003《电梯制造与安装安全规范》及 GB 10060《电梯安装验收规范》的要求，电梯层门门扇与门扇，门扇与门套，门扇下端与地坎的间隙，乘客电梯应为 1 ~ 6mm，载货电梯应为 1 ~ 8mm。其中乘客最能直接感受到的就是门扇与门扇之间的距离，如果该距离过大，或者整栋楼各层层门间隙大小不一，则显得电梯档次很低。那么，该如何避免这一问题呢？

电梯在出厂时，一般都是将门机构按照门头（悬挂组件）和门扇两部分进行包装运输。对于一个项目来说，所有的相同类型的门扇是包装在一起的。安装时，由安装工人随意挑选左右门扇进行装配。由于各门扇在生产时均有误差（公差范围内），在随意挑选装配过程中，任一层门的左右门扇之间的间隙就会大小不均。那么如何进行选择装配门扇，以使每一层层门两门扇间的间隙均匀划一，是一个非常重要的课题。

针对以上问题，结合之前曾写过的论文，笔者提出一种基于蚁群算法的计算机辅助选择装配层门的方法，能够很好地解决该问题。

蚁群算法（Ant Colony optimization，ACO）是由意大利学者 Marco Dorigo 等人首先提出的一种新型的基于种群的模拟进化算法，属于随机搜索算法。用该方法来求解旅行商问题（TSP）、分配问题（QAP）、调度问题（JSP）等组合优化问题，取得了较好的实验结果。

2. 数学模型的建立

根据学者及笔者之前的研究可知，对于批量组合体来说，评定其装配质量的好坏一般有装配率和装配精度两个指标，分别定义如下：

1）装配率

$$\eta=\frac{S}{N}$$

式中：N——表示没有零件剩余时的装配数目；

S——表示计算机辅助选择装配下得到的合格装配数目。

由定义知 η 越大，则装配率越高，相应零件剩余越少，产品的成本越低。

2）装配精度

$$\varepsilon=1-\frac{\delta}{T_0}$$

$\delta=\sqrt{\frac{1}{S}\sum_{l=1}^{S}(y_l-\Delta_0)^2}$，$(S\leqslant N, EI_0\leqslant y_l\leqslant ES_0)$，$y_l$ 装配后的封闭环实际偏差。

ES_0、EI_0 分别表示设计时封闭环的上、下偏差，$\Delta_0=\frac{ES_0+EI_0}{2}$为封闭环中心偏差，$T_0=ES_0-EI_0$ 为封闭环的公差。由定义可知 ε 越大，则装配精度越高，相应产品的质量越高。

从以上两个定义可以看出，装配率和装配精度两个指标是互相矛盾的，一个指标高的同时,另一个指标就要相对较低。那么对于电梯生产厂家来说,按照什么样的标准将所有门扇进行一一调配呢?笔者提出一个装配质量综合指标的概念,作为厂家在包装之前的调配依据。此方法可以满足不同电梯用户对两个指标要求不一样的情况。

3)装配质量综合指标

$$Q=\varepsilon^{\lambda}\eta^{\mu}$$

λ、$\mu\in[0,1]$为常数,表示装配精度和装配率对装配质量的影响程度,λ 越小,则装配精度对装配质量的影响越大,μ 的作用同 λ。由定义知 Q 越大则装配质量越高,相应装配精度和装配率就越高。

4)优化目标函数

在电梯层门的安装过程中,我们希望得到较高的装配质量,而装配质量是与装配精度和装配率成正比的。因此,在利用计算机辅助选择装配时,我们定义装配的优化目标函数为:

$$\text{目标函数:}\max Q=\varepsilon^{\lambda}\eta^{\mu}=\left(1-\frac{\sqrt{\frac{1}{S}\sum_{l=1}^{S}(y_l-\Delta_0)^2}}{T_0}\right)^{\lambda}\cdot\left(\frac{S}{N}\right)^{\mu}$$

3. 蚁群算法(ACO)在电梯层门选择装配中的应用

对于一个电梯项目来说,如果一台电梯有 C 层站,则门扇间的组合方案有 C^r 种(中分两扇门 r=2,中分四扇门 r=4)。如果此项目包含 d 台相同型号的电梯,在出厂时,则有 $(dC)^r$ 种包装方案,其中有一组组合为最优组合。为了获得这一最优组合方案,如果采用穷举的方法,随着 d、C 的增大,组合方案呈指数倍增长,运算时间趋于极限。在工地安装时,工人也不可能人工逐一进行匹配。为了减少装配时间,节约装配成本,只能辅助以计算机,同时选择较先进的优化算法,在出厂包装时,提前进行模拟选择装配。

蚁群算法(ACO)最早是用于解决 TSP 问题,这类的研究成果多集中于信息素与路径相关联的情况。然而本文作者和其他一些研究者发现,有些组合优化问题在信息素分布为结点模式时,蚁群算法性能更优于信息素分布为弧模式,例如 Flowshop 问题(Stutzle)。为此,本文在蚁群算法的框架内提出了一个考虑信息素分布为结点模式的蚁群算法模型。

1)基于 ACO 选择装配系统的解构造图建立

如图 6-1,假设层门装配尺寸链的组成环数为 n,每一组成环对应有 N 个零件,即要装配 N 套产品。首先建立一个 N 行 n 列的矩阵,第 j 列的结点集合记为 A_j,弧仅存于属于第 j 列的结点 $a\in A_j$ 和属于第 j+1 列的结点 $b\in A_{j+1}$ 间,并且方向为从 $a\in A_j$ 指向 $b\in A_{j+1}$。对虚拟起始点相应地有 $A_0=\{a_0\}$。其中结点 a_{ij}表示装配序列 o 的第 j 个组成环的第 i 个要装配的零件,即 $o(j)=i$。连接结点 a_{ij}和 $a_{l(j+1)}$ 的有向弧为从 a_{ij}到 $a_{l(j+1)}$。

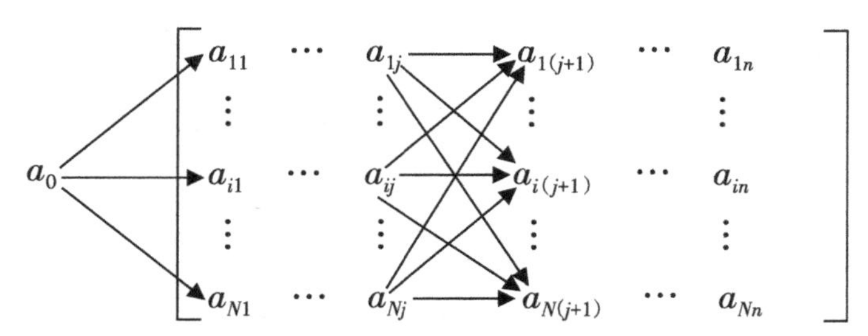

图 6-1 信息素分布为结点模式的解构造图模型

2)基于 ACO 选择装配系统的数学描述

每只蚂蚁都可以认为是一个简单的智能体,在 t 时刻选择下一个零件,并在 $t+1$ 时刻到达那里。若我们称由 M 只蚂蚁在区间$(t,t+1)$内做的 M 次移动为蚁群算法的一次迭代,则该算法迭代 n 次,每只蚂蚁就完成了一次完整的遍历。$t=0$ 时蚂蚁从虚拟的起始点 a_0 出发,一步一步地为装配序列的每一个组成环选择一个合适的零件,从而构造出一个完整的装配序列 o。在解构造的第 i 步,当蚂蚁 m 位于结点 $a_{i(j-1)}$ 且已构造好的部分结点序列(可行部分解)$o'=o^{(j-1)}$ 时,则其在结点 $a_{i(j-1)}$ 的可行邻域为 $N^m(a_{i(j-1)})=\{a_{lj}|l\notin o'\}$,其中 $l\notin o'$ 代表那些还没有被蚂蚁 m 访问的结点。蚂蚁在可行邻域中选择访问下一个结点 a_{ij},其中 a_{ij} 表示第 j 列的结点 $a_{ij}\in A_j$,此次访问代表装配序列的第 j 个组成环选择使用第 i 个零件。我们定义 $P^m_{i(j+1)}(t)$ 表示蚂蚁 m 在已构造好的部分结点序列(可行部分解)$o'=o^{(j)}$ 时,从结点 $a_{o(j)j}$ 移动到结点 $a_{i(j+1)}$ 的概率,其表达式如下:

$$P^m_{i(j+1)}(t)=\begin{cases}\dfrac{[\tau_{i(j+1)}(t)]^\alpha[\eta_{i(j+1)}(t)]^\beta}{\sum\limits_{\{l|a_{l(j+1)}\in N^m(a_{o(j)j})\}}([\tau_{l(j+1)}(t)]^\alpha[\eta_{l(j+1)}(t)]^\beta)} & a_{i(j+1)}\in N^m(a_{o(j)j})\\ 0 & a_{i(j+1)}\notin N^m(a_{o(j)j})\end{cases}$$

其中 $\eta_{ij}(t)$ 为能见度,是基于问题的启发式信息。其计算公式如下:

$$\eta_{ij}=\frac{c}{|\gamma^m+\gamma_{i,j}-\Delta_0|}$$

式中:γ^m——本次迭代中截至 t 时刻第 m 只蚂蚁访问的所有零件偏差和;

$\gamma_{i,j}$——第 m 只蚂蚁在 $t+1$ 时刻将要访问的零件 a_{ij} 偏差;

c——(0,1)间的常数;

规定:若 $|\gamma^m+\gamma_{i,j}-\Delta_0|=0$,则 $P^m_{i(j+1)}(t)=1$。

$\tau_{ij}(t)$ 表示对应结点 a_{ij} 的信息素浓度,意味着第 j 个组成环选择使用第 i 个零件的期望程度。其更新方法如下:

$$\tau_{ij}(t+n)=\rho\tau_{ij}(t)+(1-\rho)\Delta\tau_{ij}$$

$$\Delta\tau_{ij}=\sum_{k=1}^{M}\Delta\tau^m_{ij}$$

$$\Delta\tau^m_{ij}=\begin{cases}\dfrac{\Phi}{|\gamma_m-\Delta_0|}, t\text{ 到 }t+n\text{ 之间第 }m\text{ 只蚂蚁过该零件}\\ 0,\text{其他}\end{cases}$$

式中:ρ——信息素的余量系数;

$1-\rho$——在 t 时刻与 $t+n$ 时刻之间信息素的挥发程度;

Φ——常数;

y_m——第 m 只蚂蚁的遍历长度,其计算公式如下:$y_m=\sum_{q=1}^{n} y_{ij}^{q}$;

y_{ij}^{q}——到 $t+n$ 时刻第 m 只蚂蚁所经过的零件的偏差;

规定:若 $|y_m-\Delta_0|=0$,则 $\Delta\tau_{ij}^{m}=1$。

3)ACO 算法的寻优过程

二维数组 $R[M-1][n-1]$ 存储蚂蚁所经过的 n 个零件的编号,若第 m 只蚂蚁访问了零件 a_{ij},则把 i 作为该零件的编号存储在 $R[m-1][j]$ 内。n 次迭代完成之后,可以计算出每只蚂蚁遍历的长度 y_m,选取其中满足 $EI_0\leqslant y_l\leqslant ES_0$。假设共有 S 个,ES_0、EI_0 分别表示封闭环的上下偏差。然后把 y_l 按从小到大排列,若 $S\leqslant N$,则全选,否则选取前 N 个。选取的原则:每只蚂蚁在第 j 列所访问过的零件不能有相同的,即每列的各个零件只能出现在一个尺寸链之中。为此,可以比较 $R[m][n-1]$ 和 $R[m-1][n-1]$ 中的元素是否有相同的,若有,则选取下一行。求出 y_l、S 之后,代入目标优化函数,算出 Q 的值,至此算法的一次循环完成。重复上述的迭代过程,直到计数器达到最大值(由用户自己定义)$NC_{\max}$,比较每一次的 Q 值,选出最大的一个,即得到一组较优的装配组合。

4. 具体实例验算分析

以实际电梯项目为例进行试验,该项目需要安装 3 台 10 层站的电梯,且采用中分两扇门,即 $N=30$,$n=2$。

尺寸链方程为:$y(A_0)=A_1+A_2$

组成环设计尺寸为:$A_1=A_2=450_{-2.5}^{+2.5}$mm

封闭环尺寸为:$A_0=0_{0}^{+6.0}$mm

封闭环中间偏差为:$\Delta_0=\frac{6.0+0.0}{2}=3.0$mm

封闭环公差为:$T_0=6.0-0.0=6.0$mm

根据上文描述,首先要建立结点模式的解构造图。本实例中,我们建立以各组成环的实际偏差尺寸为元素的矩阵,如图 6-2 所示。

实例中,若按照人工随意选择的方法进行装配各层门,最终的结果为:装配率 $\eta=100\%$,装配精度 $\varepsilon=0.702$,装配质量综合指标 $Q=0.702$,其中 $\lambda=\mu=1$。

下面按照文中所阐述的方法进行计算,算法的最大迭代次数 $NC_{\max}=200$,同样 $\lambda=\mu=1$。图 6-3 为该算法的输出数据,图中每一列中的数字表示各偏差尺寸在图 6-2 中的位置,即所在行数。由模拟数据可知,寻优结果为:$\eta=100\%$,$\varepsilon=0.962$,$Q=0.962$。两者对比可知,使用基于蚁群算法的选择装配质量明显优于人工随意选择方法。

$$
\begin{bmatrix}
+1.2 & -1.3 \\
+2.0 & +1.6 \\
-1.1 & +1.8 \\
+2.1 & -0.9 \\
-0.6 & -0.4 \\
-1.4 & -0.2 \\
-1.3 & +1.5 \\
+0.1 & +0.4 \\
+1.1 & -1.5 \\
0.2 & +2.1 \\
-2.3 & -1.2 \\
-0.3 & -2.3 \\
+0.8 & +0.4 \\
+1.3 & -1.8 \\
-1.9 & -1.5 \\
-2.6 & +1.2 \\
0 & -1.3 \\
+1.4 & -2.2 \\
-2.0 & +2.4 \\
-1.1 & +0.6 \\
-1.6 & +1.4 \\
+1.0 & +0.8 \\
-2.5 & +1.6 \\
+2.5 & -2.3 \\
+1.9 & +1.4 \\
-2.1 & +2.2 \\
+1.5 & -1.8 \\
-2.0 & -0.3 \\
-0.9 & +2.1 \\
+1.3 & +2.5
\end{bmatrix}
$$

图 6-2　组成环偏差构成的矩阵

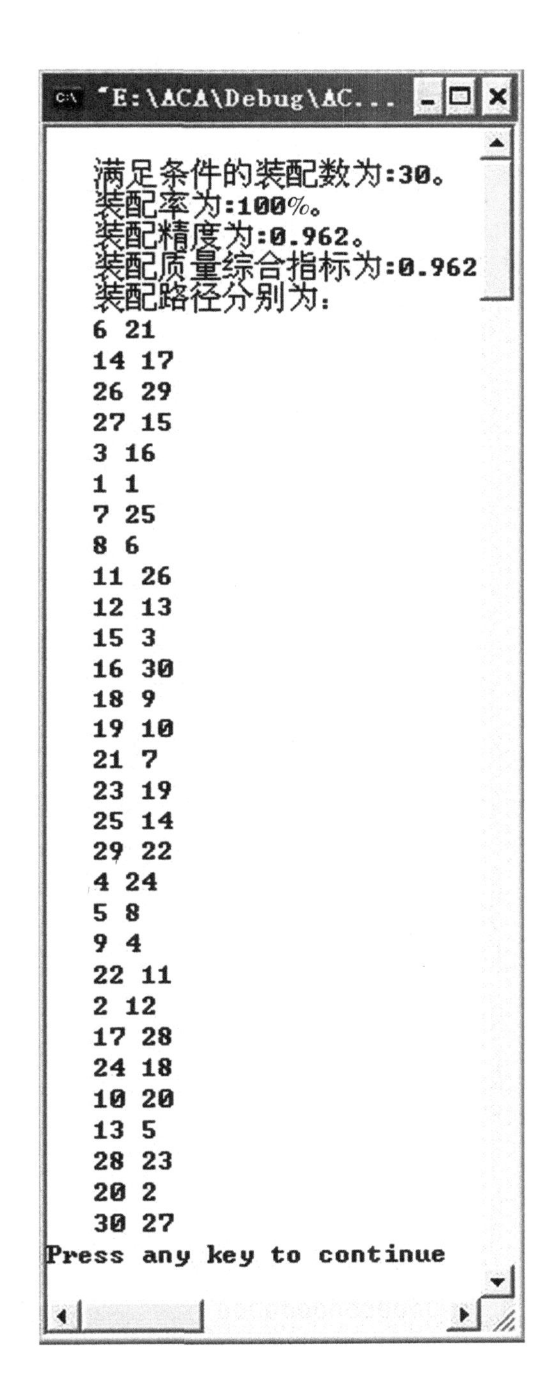

图 6-3　仿真结果

图 6-4 是最优组合的选择路径示意图，该图可以直观地看出在最优组合下每一装配门扇所选的零件序号。图 6-5 是算法的寻优过程，由图可以看出蚁群算法收敛速度较快，能够快速找到最优解。同时在寻优过程中，算法并没有陷入局部寻优的困局。

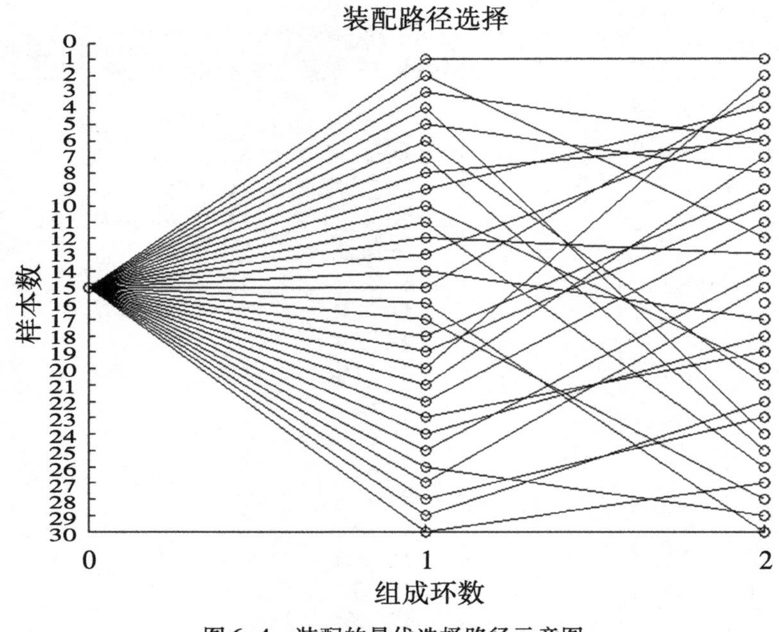

图 6-4　装配的最优选择路径示意图

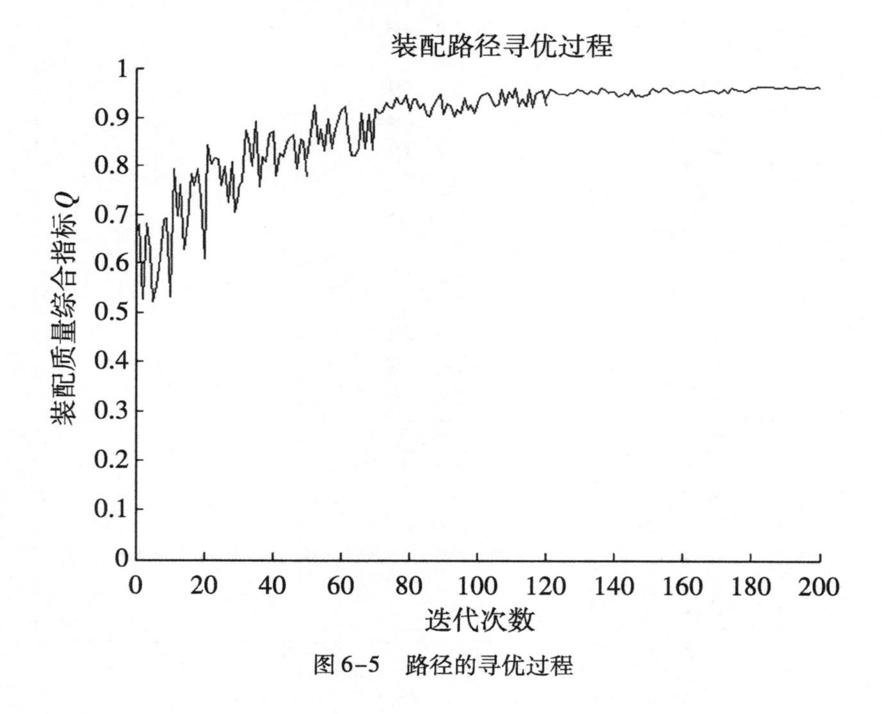

图 6-5　路径的寻优过程

5. 结论

影响电梯层门间隙大小的因素有很多,例如层门扇尺寸的偏差、运输过程的变形、工人技术水平、安装工艺流程等。本文讨论的内容只是其中的一个因素,即层门扇尺寸偏差问题。对照笔者所使用的几个真实项目结果来看,该方法虽然不能从根本上解决各层门扇间距不均问题，但是却能在较大程度上改善这一现象。

使用该方法进行装配，生产厂家在生产层门时，其检验人员需要对所有门扇进行全检，并记录各门扇的偏差尺寸。在电梯出厂包装时，工艺人员利用计算机辅助选择装配的方法，按照仿真模拟结果的最优方案，将相对应的门扇包装在一起，发往工地。同时发给安装工人相应的操作指引，告之层门必须按着包装匹配好的门扇进行安装。

整个操作过程，虽然看起来增加了工厂的工作量，但是却能在一定程度上提高层门的装配质量，避免不必要的返工及维修，减少了安装工人的工作量。对比人工随意选择装配，使用该方法，装配质量更高，经济效益更优，值得进行推广。

6.2　案例二:基于蚁群算法的电梯导轨选择装配

摘要:电梯运行的舒适度很大程度上取决于电梯导轨安装质量,由于标准导轨长度为5 m,因此导轨间的配合间隙大小就会影响电梯轿厢运行过程的振动程度。如何进行选择装配导轨,以使导轨间的间隙均匀且满足国标要求,是一个非常重要的课题。文中提出一种基于蚁群算法的计算机辅助选择装配导轨的方法,能够很好地解决该问题。蚁群算法(ACO)是一种新型的基于种群的模拟进化算法,属于随机搜索算法。为了对各导轨进行组合优化,文中提出一个以装配质量综合指标为优化目标的数学模型,作为厂家在包装之前的调配依据。通过实际项目应用,验证了该方法的实效性。

关键词:电梯;导轨;装配质量;蚁群算法

A method for mounting elevator guide rail with ant colony optimization

Abstract: The elevator ride comfort greatly depends on the quality of elevator guide rail mounting. The standard rail length is 5m, the clearance size will affect the rail between the elevator car vibration level. How to choose the assembly guide rail, so that the clearance between the guide rails is uniformity and meets the requirements of national standards, this is a very important topic. The method of assembly guide with an ant colony algorithm based computer assisted selection can well solve the problem. Ant colony algorithm (ACO) is a novel simulated evolutionary algorithm based on population, belongs to random search algorithm. In order to optimize the track, the mathematical model is put forward, the comprehensive index of assembly quality is the optimization goal. This method is the manufacturers allocate basis before packaging. The actual project application verifies the effectiveness of the proposed method.

Key words: elevator; elevator guide rail; assembly quality; ACO

1. 引言

随着物质生活的不断提高,以及电梯技术的不断完善,人们对乘坐电梯的舒适度要求越来越高。轿厢振动是影响乘客乘坐舒适度的关键因素,而电梯运行过程中的振动,主要取决于电梯导轨的安装质量。

一根标准导轨长为5 m,一台电梯的两列轿厢导轨和两列对重导轨均由标准导轨连接而成。为了保证两根导轨能够精准连接,导轨两端被设计成榫头和榫槽的形式,如图6-6所示。导轨的安装缺陷主要有导轨间的间隙、导轨对中误差、导轨垂直度误差、导轨接头不平整、导轨支架松动和自身缺陷等,均可能引起电梯轿厢水平振动。

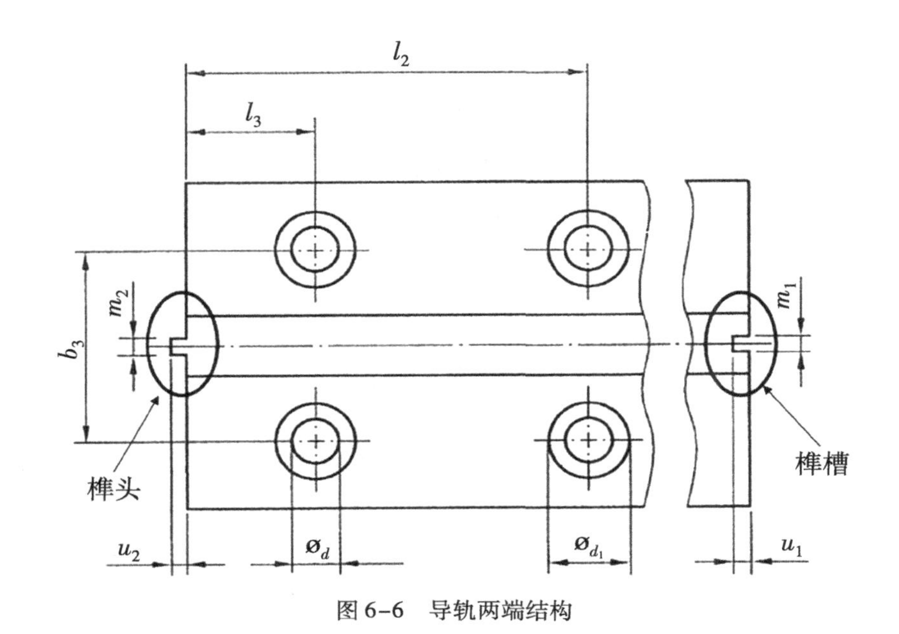

图 6-6 导轨两端结构

根据 GB 10060—93《电梯安装验收规范》中 4.2.4 的要求,轿厢导轨和设有安全钳的对重导轨工作面接头处不应有连续缝隙,且局部缝隙不大于 0.5 mm,不设安全钳的对重导轨接头处缝隙不得大于 1 mm。根据 GB /T 22562—2008《电梯 T 型导轨》规定,电梯 T 型导轨(以 T75/A 为例)长度为 5 000 mm,公差为±2 mm。T75/A 导轨榫槽和榫头尺寸 $u_1=3.5$、$u_2=3.0$,公差均为±0.1。

由于一台电梯所使用的导轨条数较多,例如如果电梯运行高度为 30 m,则需要 12 条轿厢导轨和 12 条对重导轨。因此,导轨安装时,一般都是由安装工人随意挑选进行装配。由于各标准导轨在生产时均有误差(公差范围内),在装配过程中,任两条导轨之间的间隙就会大小不均,影响导轨安装质量。针对以上问题,笔者提出一种基于蚁群算法的计算机辅助选择装配导轨的方法,可使安装后每两条导轨间的间隙均匀划一。

蚁群算法(Ant Colony Optimization,ACO)又称蚂蚁算法,是由意大利学者 Marco Dorigo 于 1992 年在他的博士论文中提出的。该算法是一种用来寻找优化路径的概率型算法,可以用来求解旅行商问题(TSP)、分配问题(QAP)、调度问题(JSP)等组合优化问题,并取得了较好的实验结果。

2. 数学模型的建立

根据学者及笔者之前的研究可知,对于批量组合体来说,评定其装配质量的好坏一般有装配率和装配精度两个指标,分别定义如下:

1)装配率

$$\eta=\frac{S}{N}$$

式中:N——表示所有零件都参与装配的全装配数目;

S——表示满足实际尺寸要求的合格装配数目。

对于工程实际,装配率会影响到项目成本,装配率高,零件的利用率就越高,成本就越低。

2)装配精度

$$\varepsilon=1-\frac{\delta}{T_0}$$

$\delta=\sqrt{\frac{1}{S}\sum_{l=1}^{S}(y_l-\Delta_0)^2}$,$(S\leqslant N,EI_0\leqslant y_l\leqslant ES_0)$,$y_l$ 装配后的封闭环实际偏差。

ES_0、EI_0 表示项目设计时图纸要求的封闭环上、下偏差。Δ_0 定义为封闭环中心偏差,其计算公式为 $\Delta_0=\frac{ES_0+EI_0}{2}$。$T_0$ 定义为封闭环的公差,计算方法为 $T_0=ES_0-EI_0$。装配精度 ε 越高,装配出来的产品质量越高。

从以上两个定义可以看出,装配率和装配精度两个指标是互相矛盾的,一个指标高的同时,另一个指标就要相对较低。那么对于电梯安装人员来说,按照什么样的标准将所有导轨进行一一调配呢?笔者提出一个装配质量综合指标的概念,作为安装之前的调配依据。此方法可以满足不同电梯用户对两个指标要求不一样的情况。

3)装配质量综合指标

$$Q=\varepsilon^{\lambda}\eta^{\mu}$$

λ、$\mu\in[0,1]$,对于不同项目,二者的选取大小不一样。对于质量要求高项目,装配精度更加重要,λ 要小一些。同样,对于装配质量要求不高,更加注重装配成本的项目,则 μ 要小一些。

4)优化目标函数

安装电梯导轨时,装配质量会影响到装配的成本。当然,所有的项目都希望能获得高的装配质量,而装配质量是与装配精度和装配率成正比的。因此,在利用计算机辅助选择装配时,我们定义装配的优化目标函数为:

$$\text{目标函数:}\quad \max Q=\varepsilon^{\lambda}\eta^{\mu}=\left(1-\frac{\sqrt{\frac{1}{S}\sum_{l=1}^{S}(y_l-\Delta_0)^2}}{T_0}\right)^{\lambda}\cdot\left(\frac{S}{N}\right)^{\mu}$$

3. 蚁群算法(ACO)在电梯导轨选择装配中的应用

对于一台电梯来说,如果一台电梯需使用 C 条标准轿厢导轨(一般来说,电梯轿厢导轨与对重导轨型号不同,不能互用,本文只以轿厢导轨选择装配为例),2 条上端导轨,则导轨间的组合方案有 2！ C！种。如果此项目包含 d 台相同型号的电梯,在安装时,则有 $(2d)$！(dC)！种装配方案,其中有一组组合为最优组合。假如采用人工穷举方法进行计算,组合方案将随着 d、C 的增大呈指数倍增长,计算时间无穷尽。在工地安装时,工人也不可能人工逐一进行匹配。为了减少装配时间,节约装配成本,只能辅助以计算机,同时选择较先进的优化算法,在出厂包装时,提前进行模拟选择装配。

蚁群算法(ACO)最早是用于解决 TSP 问题,这类的研究成果多集中于信息素与路径相关联的情况。但是有些组合优化问题的信息素分布可以为结点模式,而且此时蚁群算法性能会更加优于弧模式,例如经典的 Flowshop 问题(Stutzle),即采用结点模式。文中我们提出了一种信息素分布为结点模式的数学模型,以提高导轨的安装质量。

1)基于 ACO 选择装配系统的解构造图建立

假设每一列导轨装配尺寸链的组成环数为 n,即每一列导轨需要 5 m 长的标准导轨 n 根。同时每一组成环对应有 N 个零件,即有 N 根型号一样的导轨参与装配。根据实际情况建立一个 N 行 n 列的矩阵,定义第 j 列的结点集合记 A_j,弧定义为第 j 列的结点 $a \in A_j$ 和第 j+1 列的结点 $b \in A_{j+1}$ 间,弧方向定义为从 $a \in A_j$ 到 $b \in A_{j+1}$。对于本文实际,我们定义一个虚拟起始点 a_0,相应地有 $A_0 = \{a_0\}$。根据前文所述,每一个结点 a_{ij} 定义为装配序列 o 的第 j 个组成环的第 i 个要装配的零件,即 $o(j) = i$。如图 6-7 所示。

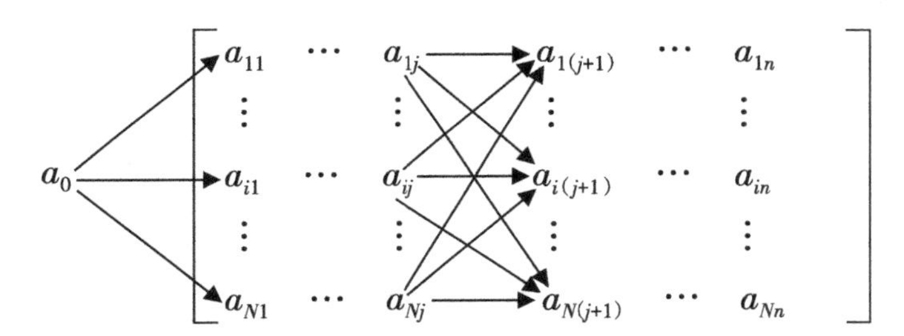

图 6-7　信息素分布为结点模式的解构造图模型

2)基于 ACO 选择装配系统的数学描述

由蚁群算法定义可知,在算法寻优过程中,每只蚂蚁在 t 时刻会选择下一根导轨,并且在 t+1 时刻到达那里。我们定义为 M 只蚂蚁在时间区间$(t, t+1)$内做的 M 次移动为算法的一次迭代。则通过 n 次迭代,每只蚂蚁都会完成一次完整的遍历过程。蚂蚁的遍历过程如下:t=0 时,蚂蚁从 a_0 出发,每经过一个结点,会判断寻找合适的零件,为装配序列的每一个组成环选择一个满足寻优条件的零件,遍历一遍之后,可以构造出一个满足基本条件的完整的装配序列 o。以第 i 步为例进行说明,假设蚂蚁 m 位于结点 $a_{i(j-1)}$,在此结点之前的已由该蚂蚁构造好的部分结点序列定义为 $o' = o^{(j-1)}$。定义该只蚂蚁在此结点 $a_{i(j-1)}$ 的可行邻域为 $N^m(a_{i(j-1)}) = \{a_{lj} | l \notin o'\}$,$l \notin o'$表示装配序列中还没有被蚂蚁 m 访问的结点。蚂蚁在下一时刻,会访问相邻的下一个结点 a_{ij},蚂蚁的此次访问行为代表第 j

个组成环选择使用第 i 个零件。定义 $P^m_{i(j+1)}(t)$ 表示从结点 $a_{o(j)j}$ 移动到结点 $a_{i(j+1)}$ 的概率，$a_{o(j)j}$、$a_{i(j+1)}$ 包含于已构造好的部分结点序列（可行部分解）$o'=o^{(j)}$，$P^m_{i(j+1)}(t)$ 表达式如下：

$$P^m_{i(j+1)}(t)=\begin{cases}\dfrac{[\tau_{i(j+1)}(t)]^{\alpha}\ [\eta_{i(j+1)}(t)]^{\beta}}{\sum\limits_{\{l \mid a_{l(j+1)}\in N^m(a_{o(j)j})\}}\left([\tau_{l(j+1)}(t)]^{\alpha}\ [\eta_{l(j+1)}(t)]^{\beta}\right)} & a_{i(j+1)}\in N^m(a_{o(j)j})\\ 0 & a_{i(j+1)}\notin N^m(a_{o(j)j})\end{cases}$$

其中 $\eta_{ij}(t)$ 为能见度，是基于问题的启发式信息。其计算公式如下：

$$\eta_{ij}=\frac{c}{|y^m+y_{i,j}-\Delta_0|}$$

式中：y^m——本次迭代中截至 t 时刻第 m 只蚂蚁访问的所有零件偏差和；

$y_{i,j}$——第 m 只蚂蚁在 $t+1$ 时刻将要访问的零件 a_{ij} 偏差；

c——(0,1) 间的常数；

规定：若 $|y^m+y_{i,j}-\Delta_0|=0$，则 $P^m_{i(j+1)}(t)=1$。

$\tau_{ij}(t)$ 表示结点 a_{ij} 上的信息素浓度，表示蚂蚁在遍历第 j 列组成环时，第 i 个零件被选择使用的期望程度。其更新方法如下：

$$\tau_{ij}(t+n)=\rho\tau_{ij}(t)+(1-\rho)\Delta\tau_{ij}$$

$$\Delta\tau_{ij}=\sum_{k=1}^{M}\Delta\tau_{ij}^{m}$$

$$\Delta\tau_{ij}{}^{m}=\begin{cases}\dfrac{\Phi}{|y_m-\Delta_0|}, t\text{ 到 } t+n \text{ 之间第 } m \text{ 只蚂蚁过该零件}\\ 0,\text{其他}\end{cases}$$

式中：ρ——信息素的余量系数；

$1-\rho$——在 t 时刻与 $t+n$ 时刻之间信息素的挥发程度；

Φ——常数；

y_m——第 m 只蚂蚁的遍历长度，其计算公式如下：$y_m=\sum\limits_{q=1}^{n}y_{ij}^{q}$；

$y_{ij}{}^{q}$——到 $t+n$ 时刻第 m 只蚂蚁所经过的零件的偏差；

规定：若 $|y_m-\Delta_0|=0$，则 $\Delta\tau_{ij}^{m}=1$。

3）ACO 算法的寻优过程

n 条导轨的编号存储于二维数组 $R[M-1][n-1]$ 之中，若蚂蚁 m 在寻优过程访问了导轨 a_{ij}，算法会把 i 作为该导轨的编号存储在 $R[m-1][j]$ 内。在经过 n 次迭代之后，计算出每只蚂蚁遍历的长度 y_m（即每一列装配的偏差和），选取其中满足 $EI_0\leqslant y_l\leqslant ES_0$，假设此次寻优过程共有 S 个装配满足条件。然后把 S 个 y_l 按从小到大进行排序。如果 $S\leqslant N$，则满足要求的 S 个转配全部选择应用，若 $S>N$，则只选取前 N 个。注意：每列的各导轨只能出现在一个装配链之中，因此每只蚂蚁在第 j 列所访问过的导轨不能有相同的。为了满足此条件，在寻优过程中需要比较 $R[m][n-1]$ 和 $R[m-1][n-1]$ 中的元素是否有重叠的。如果有，蚂蚁自动选取下一行。将 y_l、S 代入目标优化函数，计算出 Q 的大小，则优化算法的一次寻优循环完成。由用户自己定义一个寻优迭代次数的最大值 NC_{max}，在允许范围内重复上述的迭代过程。最后比较每一次迭代后算出的 Q 值，进行比较选出一个最大的，即得到一组较优的导轨装配组合序列。

4. 具体实例验算分析

以实际电梯项目为例进行试验，该项目需要安装 2 台 6 层站的电梯（运行高度为 20m）。每台电梯需要 8 条标准轿厢导轨（每条 5 m），整个项目共需 16 条标准导轨。即 $N=4$，$n=4$。

尺寸链方程为：$y(A_0)=(-A_1+A_2)+(-A_3+A_4)+(-A_5+A_6)$

封闭环尺寸为：$A_0=0_0^{+1.5}$ mm

封闭环中间偏差为：$\Delta_0=\dfrac{1.5+0.0}{2}$ mm $=0.75$ mm

封闭环公差为：$T_0=1.5-0.0=1.5$ mm

根据上文描述，首先要建立结点模式的解构造图。本实例中，我们建立以各导轨榫头、榫槽的实际尺寸为元素的矩阵，如图 6-8 所示。A、B、C、D 代表一列的 4 根导轨，如果 A 导轨的榫头选择了 B 导轨榫槽，则下一点蚂蚁要从对应的 B 导轨榫头开始寻优。由前文介绍可知，榫槽和榫头标准尺寸 $u_1=3.5$、$u_2=3.0$，即正常装配时，榫槽与榫头的间隙为 0.5，恰好是国标要求的缝隙上限。

A 榫头（A_1）	B 榫槽（A_2）	B 榫头（A_3）	C 榫槽（A_4）	C 榫头（A_5）	D 榫槽（A_6）
2.91	3.53	3.01	3.43	2.92	3.48
2.99	3.52	2.94	3.51	3.03	3.46
3.02	3.46	3.07	3.47	3.09	3.6
3.01	3.44	3.08	3.45	2.97	3.52

图 6-8　组成环偏差构成的矩阵

实例中，若按照人工随意选择的方法进行装配各层门，最终的结果为：装配率 $\eta=50\%$，装配精度 $\varepsilon=0.569$，装配质量综合指标 $Q=0.284$，其中 $\lambda=\mu=1$。

下面按照文中所阐述的方法进行计算，算法的最大迭代次数 $NC_{max}=50$，同样 $\lambda=\mu=1$。寻优结果为：$\eta=100\%$，$\varepsilon=0.600$，$Q=0.600$。两者对比可知，使用基于蚁群算法的选择装配质量要优于人工随意选择方法。

图 6-9 是最优组合的选择路径示意图，该图可以直观地看出在最优组合下每一列装配所选导轨的零件序号。

本案例中例子选取数据较少，因此在装配精度比较上没有看出较大的优势，但是如果对于大型项目，需要相同电梯数量较多时，该优化算法能够很好地提高装配质量，提高电梯乘坐舒适度。

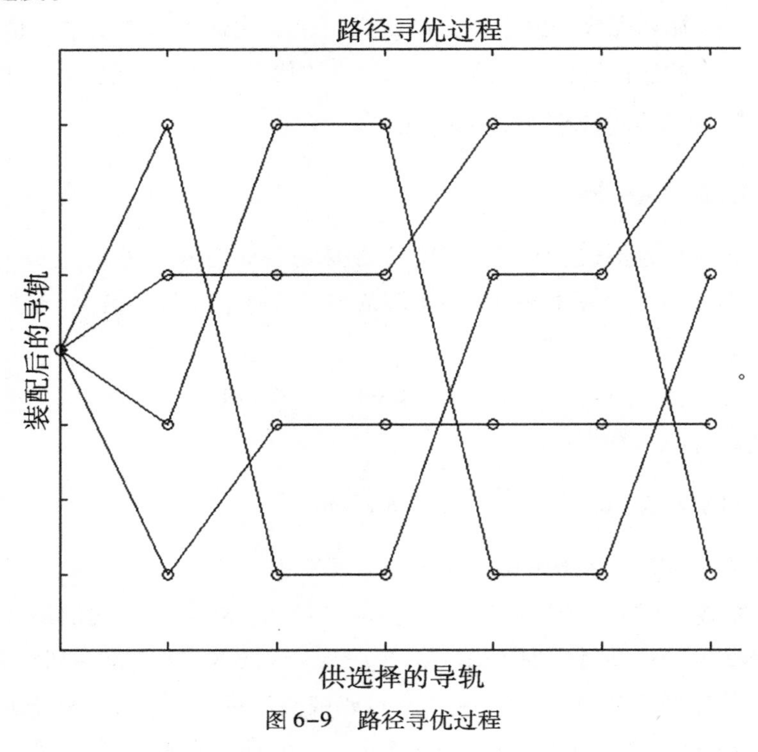

图 6-9　路径寻优过程

5. 结论

影响电梯导轨接触面间隙大小的因素有很多，例如导轨榫头、榫槽尺寸的偏差、运输过程的变形、工人技术水平、安装工艺流程等。本文讨论的内容只是其中的一个因素，即导轨榫头、榫槽尺寸偏差问题。对照笔者所使用的几个真实项目结果来看，该方法虽然不能从根本上解决导轨接触面间隙不均问题，但是却能在较大程度上改善这一现象。

使用该方法进行装配，电梯生产厂家在出厂时，由其检验人员对同一个项目的所有导轨进行全检，并记录各导轨榫头、榫槽的偏差尺寸。在电梯出厂包装时，工艺人员利用文中所阐述的计算机辅助选择装配的方法，按照仿真模拟结果的最优方案，将匹配好的导轨进行编号，并包装在一起，发往工地。同时发给安装工人相应的操作指引，告之导轨必须按着包装匹配好的方式进行安装。

整个操作过程，虽然看起来增加了工厂的工作量，但是却能在一定程度上提高导轨的装配质量，提升电梯乘坐舒适度，相应地升华了整个电梯的质量。同时能够避免不必要的返工及维修，减少了安装工人的工作量。对比人工随意选择装配，使用该优化方法，装配质量更高，经济效益更优，值得进行推广。

6.3 案例三:基于改进蚁群算法的液晶拼接屏选择装配

摘要:液晶拼接缝的大小是衡量液晶拼接屏好坏的最直接标准,在安装拼接单元时,如何科学选择拼接单元进行装配,以减小拼接缝,是一个非常重要的课题。文中提出一种带约束的双层蚂蚁遍历寻优方法,出厂包装时,工艺人员利用本文所述方法,进行模拟组装,将对应的拼接单元进行编号,包装在一起,发往工地,安装时按照编号进行装配。通过实际应用可知,本方法能够相对减小液晶拼接屏的横向缝隙和纵向缝隙,并确保各缝隙呈直线性。

关键词:液晶拼接屏;拼接缝;装配质量;蚁群算法

A method of assembling multi LCD screen based on improved ant colony algorithm

Abstract: The size of the joint is the most direct measure of the quality of multi LCD screen. It is a very important task that how to select the assembling unit in order to reduce the joint. In this paper, a novel ant colony optimization algorithm with constraints is proposed. When the workers are packing, the technicians use the method described in this paper to simulate the assembly, to number the assembling unit, packaging together, sent to the site, according to the number of assembly. The practical application shows that the method can reduce the size of transverse joint and longitudinal joint of the multi LCD screen, and ensure that the joints are linear.

Key words: multi LCD screen; assembly joint; assembly quality; ACO

1. 引言

液晶拼接屏广泛用于视频监控中心、电力调度监控中心、大型演出背景、电视台演播中心等场所,如图 6-10(a)所示。拼接缝的大小是衡量液晶拼接屏好坏的最直接标准,如图 6-10(b)所示。近 5 年,液晶拼接缝从 6.7 mm 到 5.5 mm,再到 3.5 mm、1.8 mm、1.4 mm 等,整个行业开始逐步进入微拼接时代。

拼接缝大小主要取决于两方面:①拼接单元边框。目前市场出现了非显示区域仅为 1.4 mm 的超窄边显示屏。②现场安装质量。拼接单元物理尺寸存在偏差(公差范围内),见表 6-1 所示。在安装拼接单元时,首先应精密测量各拼接单元物理尺寸,然后进行排列组合,以保证横向缝隙和纵向缝隙的均匀性和直线性。那么,如何科学选择拼接单元进行装配,是一个非常重要的课题。

(a)液晶拼接屏

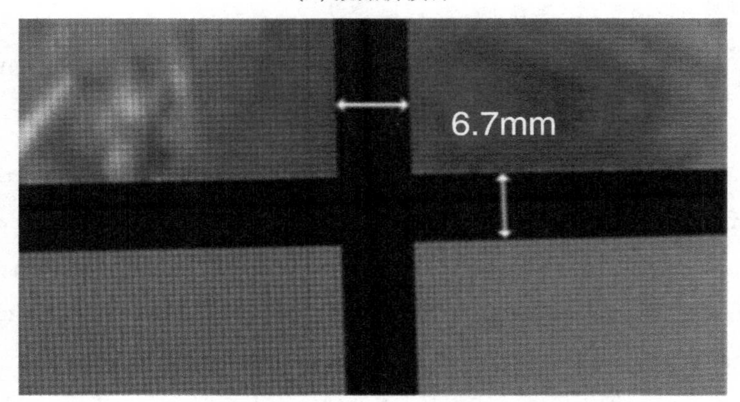

(b)液晶拼接缝

图 6-10　液晶拼接屏

表 6-1　三星 55 英寸拼接单元参数

Items	Specification	Unit	Note
Module Size	1215.3(H_{TYP})×686.1(V_{TYP})	mm	±1.0mm
	64(Typ)		±1.0mm
Weight	2100	g	Typ
Pixel Pitch	0.63(H)×0.63(V)	mm	
Active Display Area	1209.6(H)×680.4(V)	mm	

如果一个液晶拼接项目为 m 行 n 列，那么这 $m\times n$ 台拼接单元共有$(m\times n)!$种组合方式。若厂家同批次生产了 C 台拼接单元，且此次所接订单均为 $m\times n$ 方案，则出厂时共有$\frac{C}{m\times n}$个包装，有 $C\times(C-1)\times(C-2)\times\cdots\cdots\times(C-m\times n-1)\times(m\times n)!$ 种包装方案，其中有一种组合包装方案为最优组合（即组装后的拼接屏横向和纵向缝隙均匀性和直线性均最优）。实际装配过程，我们希望能获得最优组合方案，但是如果采用穷举试配方法，当 m、

n、C 等数据不断增大，存在的组合方案呈级数倍增长，运算时间趋于极限。为解决此问题，笔者提出对智能蚁群算法进行改进，利用改进的优化算法进行辅助选择装配，能够达到理想效果。

随着计算机技术的飞跃发展，利用计算机进行辅助选择装配，以提高装配精度和装配质量，成为专家学者研究的热点问题。如徐知行、刘向勇等人建立了计算机辅助选择装配质量目标函数模型。为更有效提升装配质量，许多学者尝试将智能优化算法引入计算机辅助装配中，如叶小丽等人研究将蚁群算法用于电梯导轨选择装配。宋建军等人探索利用改进蚁群算法进行边缘连接的方法。

2. 安装质量优化目标函数的建立

定义装配的优化目标函数为：$\max Q = \varepsilon^{\lambda}\eta^{\mu} = \left(1 - \dfrac{\sqrt{\dfrac{1}{S}\sum\limits_{l=1}^{S}(y_l - \Delta_0)^2}}{T_0}\right)^{\lambda} \cdot \left(\dfrac{S}{N}\right)^{\mu}$

$\eta = \dfrac{S}{N}$称为装配率。N—表示将所有拼接单元使用完毕的总装配数目，S—表示利用优化算法进行辅助选择装配所得到的合格的装配数目。

$$\varepsilon = 1 - \frac{\sqrt{\frac{1}{S}\sum\limits_{l=1}^{S}(y_l - \Delta_0)^2}}{T_0}, (S \leqslant N, EI_0 \leqslant y_l \leqslant ES_0)$$ 称为装配精度。

y_l 为装配后的封闭环实际偏差；ES_0、EI_0 分别为装配设计时封闭环的上偏差和下偏差；$\Delta_0 = \dfrac{ES_0 + EI_0}{2}$定义为整条封闭环的中心偏差；$T_0 = ES_0 - EI_0$ 定义为整条封闭环的公差。

由定义可知，Q 越大装配质量越高，而装配率和装配精度是互相矛盾的，需要找到一个平衡点。定义 λ、$\mu \in [0,1]$ 为两个常数，分别表示装配精度以及装配率对整个装配质量好坏的影响程度，λ 越大，则装配精度对装配质量的影响越小，μ 的作用同 λ。

3. 改进蚁群算法（ACO）在液晶屏选择拼接中的应用

蚁群算法（ACO）在用于解决旅行商（TSP）问题时，蚁群的信息素设定是与蚂蚁走过的路径相关联的[55-60]。但是在实际应用过程中，有时要解决特殊组合优化问题，采用将蚁群算法的信息素分布在节点模式时，其性能会更优于信息素分布在路径模式，例如在解决流水作业（Flowshop）问题时。为此，笔者在蚁群算法的整体框架内，提出建立一种将信息素分布为节点模式的算法模型，以解决液晶显示屏拼接的问题。

1）基于改进蚁群算法拼接装配的解构造图建立

液晶拼接时存在横向缝隙和纵向缝隙，笔者提出一种带约束的双层蚂蚁遍历寻优方法，行、列进行分层寻优。在进行行寻优（匹配拼接单元的左右尺寸，即长）过程中，蚂蚁应选择宽偏差相同或相近的拼接单元进行装配，此为约束。

首先进行行寻优，将 $m\times n$ 中的每一行看作一个装配链，则此装配尺寸链的组成环数为 n，节点 a_{ij} 表示装配链 o 的第 j 个组成环的第 i 个要装配的拼接单元，即 $o(j)=i$，C 台拼接单元一共可以组成 $\frac{C}{n}$ 个装配链。详细的构造方法和过程如下：首先建立一个矩阵 $\frac{C}{n}$ 行 n 列，如图 6-11 所示。把第 j 列的节点集合记为 A_j，弧（路径）仅存于节点 $a_{ij}\in A_j$ 和节点 $a_{l(j+1)}\in A_{j+1}$ 之间，且方向从 a_{ij} 指向 $a_{l(j+1)}$。对虚拟起始点相应地有 $A_0=\{a_0\}$。

按照图 6-11 进行行寻优结束后，再进行列寻优，即将每个行装配链（共 $\frac{C}{n}$ 个）当作一个部件（列装配环），进行拼接装配，此装配尺寸链的组成环数为 m，共组成 $\frac{C}{m\times n}$ 个装配链，寻优方法如上所述。

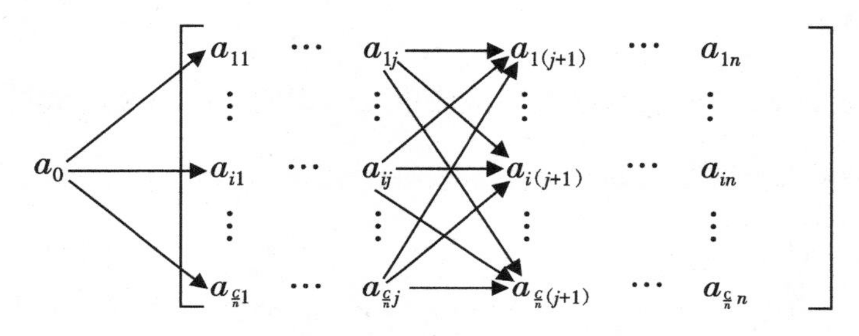

图 6-11　行寻优的解构造图模型

2）基于改进蚁群算法拼接装配的数学描述

在对行进行寻优的过程中，在 t 时刻每只蚂蚁将选择下一个拼接单元，$t+1$ 时刻蚂蚁将到达那里。我们定义由 X 只蚂蚁在区间 $(t,t+1)$ 内做的 X 次移动称为蚁群算法的一次迭代，因此当算法进行 n 次迭代后，每一只蚂蚁都将就完成一次完整的遍历。

假设蚂蚁在 $t=0$ 时从 a_0（虚拟起始点）出发，按遍历的规则，分步为装配链内的每一组成环选择一个合适的拼接单元，并将此拼接单元的编号放入禁忌表 $R[X-1]\ [n-1]$ 中，便可以构造出一个完整的装配链 o。算法在进行解构造的第 i 步，当蚂蚁 x 行进至节点 a_{ij} 时，且定义前面已构造好的部分节点序列（可行部分解）为 $o'=o\ (j)$ 时，蚂蚁在约束条件（根据实际问题要求定）下将选择访问节点 a_{ij} 的可行邻域

$$N^x(a_{ij})=\{a_{l(j+1)}\mid l\notin o'\} \tag{1}$$

$l\notin o'$ 表示还没被蚂蚁 x 访问的节点内的下一个节点 $a_{i(j+1)}$（$a_{i(j+1)}\in A_{j+1}$）。

约束条件：蚂蚁 x 应先判断此拼接单元 $a_{i(j+1)}$ 宽偏差是否与 a_{ij} 一致（即应同为正偏差或同为负偏差），以此确保横向缝隙的直线性，然后再进行下一步选择。

定义 $P^x_{i(j+1)}(t)$ 表示蚂蚁 x 位于在按约束条件下已构造好的部分节点序列（可行部分解）$o'=o\ (j)$ 内，从节点 $a_{o(j)j}$ 移动到节点 $a_{i(j+1)}$ 的概率，其表达式如下：

$$P_{i(j+1)}^{x}(t)=\begin{cases}\dfrac{[\tau_{i(j+1)}(t)]^{\alpha}[\eta_{i(j+1)}(t)]^{\beta}}{\sum\limits_{\{l|a_{l(j+1)}\in N^{x}(a_{o(j)j})\}}([\tau_{l(j+1)}(t)]^{\alpha}[\eta_{l(j+1)}(t)]^{\beta})} & a_{i(j+1)}\in N^{x}(a_{o(j)j})\\ 0 & a_{i(j+1)}\notin N^{x}(a_{o(j)j})\end{cases}\tag{2}$$

其中 $\eta_{ij}(t)$ 为能见度,是基于问题的启发式信息。其计算公式如下:

$$\eta_{i(j+1)}=\frac{c}{|y^{x}+y_{i(j+1)}-\Delta_0|}\tag{3}$$

y^x 为本次迭代中截至 t 时刻第 m 只蚂蚁访问的所有拼接单元偏差和[此处偏差指的是拼接单元横向尺寸偏差(即长偏差),下同];$y_{i(j+1)}$ 表示 $t+1$ 时刻第 m 只蚂蚁在将要访问的拼接单元 $a_{i(j+1)}$ 的偏差;c 是 $(0,1)$ 间的常数;我们规定:若 $|y^x+y_{i,j}-\Delta_0|=0$,则$P_{i(j+1)}^{x}(t)=1$。

$\tau_{ij}(t)$ 表示节点 a_{ij}在 t 时刻的信息素浓度,表示第 j 个组成环选择第 i 个拼接单元的期望程度。其更新方法如下:

$$\tau_{ij}(t+n)=\rho\tau_{ij}(t)+(1-\rho)\Delta\tau_{ij}\tag{4}$$

$$\Delta\tau_{ij}=\sum_{x=1}^{M}\Delta\tau_{ij}^{x}$$

$$\Delta\tau_{ij}^{x}=\begin{cases}\dfrac{\Phi}{|y_x-\Delta_0|}, t\text{ 到 } t+n \text{ 之间第 } x \text{ 只蚂蚁过该拼接单元}\\ 0,\text{其他}\end{cases}$$

ρ 为信息素的余量系数;$1-\rho$ 则表示在 t 到 $t+n$ 时刻之间节点信息素的挥发程度;Φ 是一个常数;y_x 表示为第 x 只蚂蚁完成的遍历长度,y_x 的计算方法如下:$y_x=\sum\limits_{q=1}^{n}y_{ij}^{q}$;$y_{ij}^{q}$表示到 $t+n$ 时刻第 x 只蚂蚁所经过的拼接单元的偏差。规定:若 $|y_x-\Delta_0|=0$,则 $\Delta\tau_{ij}^{x}=1$。

3)改进蚁群算法的寻优过程

寻优过程如图 6-12 所示。n 次迭代完成之后,计算出每只蚂蚁遍历的长度 y_x,选取其中可用的数据。选取原则:选取满足 $EI_0\leqslant y_s\leqslant ES_0$,$ES_0$ 表示封闭环的上偏差、EI_0 表示封闭还的下偏差。假设一共有 S 个符合要求,我们将满足的 y_s 从小到大排列,若 $S\leqslant\dfrac{C}{n}$,则全部选用,否则,只选取前$\dfrac{C}{n}$个。

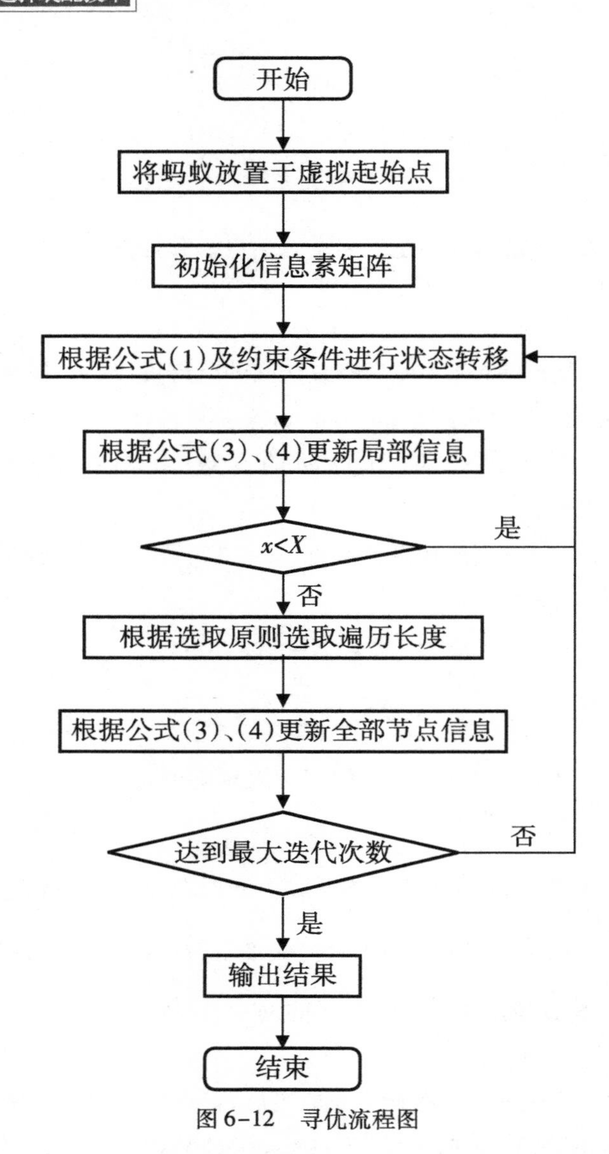

图 6-12　寻优流程图

将 y_s、S 求出之后，将其代入目标优化函数求出 Q 值，便完成算法的一次循环。此迭代过程不断重复，直到计数器达到由用户自己定义的最大值 NC_{max}。所有的 Q 值进行比较，最大的那个即表示一组较优的装配组合。

行寻优完成之后再进行列寻优，列寻优方法与行寻优方法相同，只是每个项目只需一个列装配链即可。在列寻优过程中，也需要进行约束，蚂蚁在选择一个行装配链作为列装配环时，首先需要比较相邻两个行装配链中对应行装配环长偏差是否相同或相近，确保纵向缝隙的直线性，然后再进行寻优。

4. 仿真实验分析

以一个 4×6 的液晶拼接屏项目为例进行仿真试验，拼接单元尺寸如表 6-1 所示，由表 6-1 可知拼接单元上、下极限偏差分别为+1.0mm 和-1.0mm。厂家共生产 240 台拼接单元,需装配 10 台拼接屏,出厂时实测了每台拼接单元的尺寸。我们建立以各拼接单元的实际偏差尺寸为元素的矩阵,作为节点模式的解构造图。

若按照人工随机选择的方法进行装配,先组装 40 个行装配链,然后再分别选择 4 个行装配链组装成一台 4×6 的拼接屏,共组装 10 台拼接屏。最终组装质量为:装配率 $\eta=100\%$,装配精度 $\varepsilon=0.295$,装配质量 $Q=0.295$,其中 $\lambda=\mu=1$。此时,宽偏差的均方差为 0.549(此值表示横向缝隙的直线性,0 表示直线性最好)。

我们按照本案例所阐述的基于改进蚁群算法的智能择优的方法进行计算,定义最大迭代次数 $NC_{\max}=200$,同样 $\lambda=\mu=1$。在 VC 环境下进行编程,实现蚁群寻优过程,最终寻优结果为:$\eta=100\%$,$\varepsilon=0.797$,$Q=0.797$。宽偏差的均方差为 0.087,直线性接近最好。

将两种算法的结果进行对比可知,使用本案例所提出的基于改进蚁群算法的智能选择装配方法,装配质量远优于人工随机装配。蚁群算法的寻优过程如图 6-13 所示,由图可以看出改进蚁群算法收敛速度较快,能够快速找到最优解。同时在寻优过程中,算法并没有陷入局部寻优的困局。

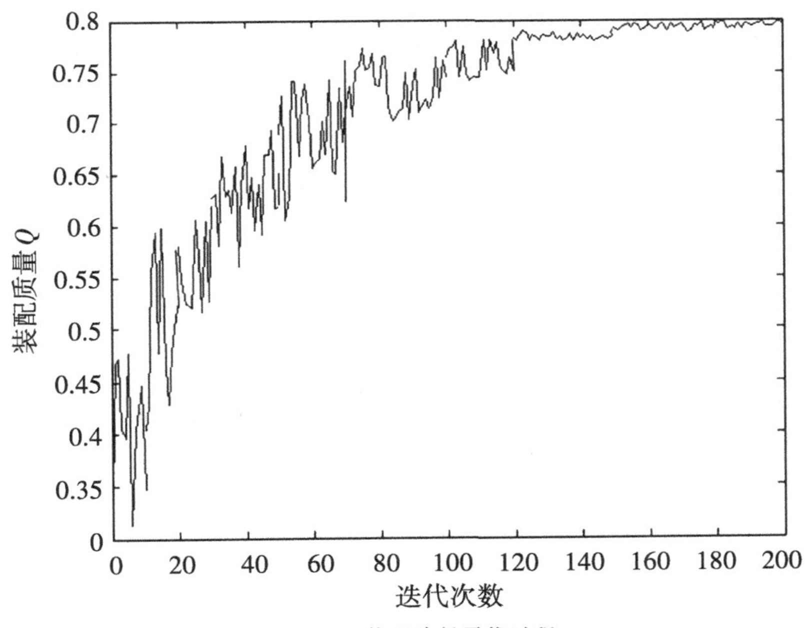

图 6-13 装配路径寻优过程

5. 结论

该方法适合液晶生产厂商使用,厂家在生产液晶拼接单元时,测量记录各拼接单元的偏差尺寸。工作人员将偏差尺寸输入计算机,经过算法的自主计算,将仿真模拟出一个最优的组装方案。工人在出厂包装时,将最优组合对应的各拼接单元进行编号,统一包装在一起。现场安装时,施工人员须按照编号将包装匹配好的拼接单元进行安装。按照本案例的方法进行操作,将会大大提高液晶拼接屏的装配质量,减少返工及维修费用,节约安装成本。

6.4 案例四:基于改进蚁群算法的单体电池选配技术研究

摘要:动力电池采用多节单体电池串并联组合而成,单体电池间存在无法消除的不一致性,影响动力电池性能。采用基于改进蚁群算法的结合静态一致性和动态一致性的多条件智能选配方法,串联、并联进行分层寻优选配,在进行串联选配寻优(容量作为选配精度的条件)过程中,蚂蚁应选择 DCR 相同或相近的单体电池进行选配,作为约束。此方法能够较准确筛选一致性的单体电池,单体电池生产厂家在出厂包装时,工艺人员利用此方法进行模拟组装,将对应的单体电池进行编号,包装在一起,发往动力电池生产厂家,安装工程师按照编号进行装配,从而确保单体电池的一致性,提升动力电池性能指标。

关键词:单体电池;一致性;计算机辅助选配;选配质量;蚁群算法

Research on the single cell matching technology based on improved ant colony algorithm

LIU Xiangyong[1], WANG Xinpeng[2,3]

(1. Zhongshan Technician College,

2. University of Electronic Science and Technology of China, Zhongshan Institute,

3. Zhongshan Xuguiming Co. Ltd, Zhongshan, Guangdong)

Abstract: The power battery is composed of several single cells in series and parallel, and there is an inevitable inconsistency between the single cells, which affects the performance of the power battery. Based on the improved ant colony algorithm and the combination of static consistency and dynamic consistency, the multi-condition intelligent selection method is adopted. In the process of series selection and optimization (capacity as the condition of selection accuracy), the ant should select the single cell with the same or similar DCR as the constraint. This method can accurately select the consistent single cell. When the single cell manufacturer packs the single cells in the factory, the technologists use this method to simulate the assembly, number and package the corresponding single cell together, send it to the power battery manufacturer, and the installation engineer assembles according to the number, so as to ensure the consistency of the single cell and improve the performance index of the power battery.

Key words: single cell; consistency ;CASA; assembly quality; ACO

1. 引言

目前所用动力电池基本上是由多节单体电池串并联组成,高电压通过单体电池串联获得，高容量通过并联获得，动力电池装配是一个单体匹配问题。受生产材料、生产工艺、生产环境等因素影响，单体电池电压、容量、内阻等技术参数存在根源性的差别。在实际使用过程中，随着时间推移，电池间的性能差异将逐步扩大，不一致性不断累积，导致动力电池性能不断衰减，最后电池组可能会早早失效。《便携式电子产品用锂离子电池和电池组安全要求》（GB 31241—2014）第“12. 一致性要求”明确规定“由多节电池串联构成的电池组；由多个电池并联块串联构成电池组”，“每一节电池或电池并联块，应具有足够的一致性”。

消除单体电池不一致性研究主要有三个方向：生产过程的控制、配组过程的控制、使用过程的控制。生产过程工艺控制及原材料的选择能从源头控制单体电池的一致性，在动力电池使用过程中的一致性控制方法目前有主动均衡技术和被动均衡技术，即通过控制电路对电池组进行能效管理。杨固长等经过实测，建立了简单、有效的单体电池筛选标准。许海涛、万冬林等通过对实验数据分析，指出单体电池电压差异是影响电池组一致性的重要因素。赵亚锋等学者就动态特性配组，王永琛、王莉等就静态和动态一致性筛选方法等进行了研究。

本案例主要就单体电池配组过程一致性选配方法进行研究。提出一种基于改进蚁群算法的结合静态一致性和动态一致性的多条件智能选配方法，能够较准确筛选一致性的单体电池。利用蚁群优化算法，使选配过程大大增速，从而提升实际应用过程的选配效率。

2. 动静结合多条件选配方法

静态选配是针对单体电池的开路电压、内阻、容量等特性参数进行筛选，选取目标参数，引入统计算法，设定筛选标准，最后将同一批次的单体电池区分成若干组。依据王琳霞等学者的实验研究结果：串联电池组需保持容量的一致。因此用电池容量作为一致性标准来选配单体电池，用于串联组成模组，选配时将 DCR 相同或相近作为约束条件。

动态选配是针对电芯在充放电过程中表现出来的特性进行筛选。王琳霞等人经过对详细实验数据分析，指出并联电池组应保持 DCR 的一致。DCR 是指单体电池的直流内阻，计算方法是使多个的充电和放电倍率不同的电流流经电池，每次持续 10 s，记录电池两端电压和流经的电流，绘制成一条直线，该直线的斜率即为单体电池的内阻 DCR。

假设某动力电池包含 N 个模组，模组之间为并联关系，每个模组又由 n 节单体电池组成，单体电池间为串联关系，则此动力电池一共包含 $N\times n$ 节单体电池。若某厂家现要组装 C 块该动力电池，那么一共需要 $C\times m\times n$ 节单体电池。若电池生产厂家在出厂时将一块动力电池所需的单体电池包装在一起，则共有 $C\times(C-1)\times\cdots\times(C-m\times n-1)\times(m\times n)!$ 种包装方案，其中应有一种组合包装方案为最优组合（即容量一致性和 DCR 一致性最优）。那么采用什么方法快速准确找到这一最优的组合方案，是目前计算机辅助选配研究的热点问题。对于电动汽车动力电池，m、n 等数据是非常大的，例如某型号电动车电池板是由16个电池模组连接而成,一个电池模组里面有444节锂电池,每74节连接到一起,所以整个电池板就是由7 104节锂电池组成。如果生产10万台这样的动力电池,那么单体电池组合方案呈级数倍增长,运算时间趋于极限,采用人工穷举试配方法是无法完成的。本案例提出一种基于改进蚁群算法的计算机辅助选配方法,能够较好地解决这一问题,模拟仿真数据表明该方法能到理想效果。

意大利学者 Marco Dorigo 于1992年首次提出蚁群优化算法用来寻找最优路径。之后多位专家学者将蚁群算法用于计算机辅助选配,以提高装配精度和装配质量。

3. 选配质量优化目标函数

定义选配的优化目标函数为:$\max Q=\varepsilon^{\lambda}\eta^{\mu}=\left(1-\frac{\sqrt{\frac{1}{S}\sum_{l=1}^{S}(y_l-\Delta_0)^2}}{T_0}\right)^{\lambda}\cdot\left(\frac{S}{N}\right)^{\mu}$

式中:$\eta=\frac{S}{N}$定义为选配率;

N——表示将所有单体电池使用完毕的总装配数目;

S——表示利用优化算法进行辅助选配所得到的合格选配数目;

$\varepsilon=1-\frac{\sqrt{\frac{1}{S}\sum_{l=1}^{S}(y_l-\Delta_0)^2}}{T_0}$,$(S\leqslant N,EI_0\leqslant y_l\leqslant ES_0)$ 称为选配精度。

y_l 表示辅助选配寻优的动力电池相关参数偏差;ES_0 表示动力电池设计时标定的参数上偏差;EI_0 表示动力电池设计时标定的参数下偏差;$\Delta_0=\frac{ES_0+EI_0}{2}$为中心偏差;仿照机械装配定义 $T_0=ES_0-EI_0$ 为动力电池相关参数设计公差。

分析优化目标函数计算公式可知,选配率与选配精度两个是互为矛盾的指标,即如果想要提高选配精度,则必然牺牲选配率。因此我们希望经过平衡两个指标,获得较大的 Q 值,也即获得较高的选配质量。λ、$\mu\in[0,1]$定义为动力电池选配精度、选配率两个指标的指数,代表选配精度、选配率两个指标对动力电池整体性能参数优劣的影响程度。如果 λ 取值较大,则表示选配精度指标对动力电池性能参数影响就较小,同理,μ 取值大小对选配率影响规律同 λ。

4. 改进蚁群算法(ACO)在单体电池选配中的应用

大量文献表明,蚁群算法(ACO)寻优时,蚁群留下的信息素可设定在节点上,也可以设定在路径上。在用于计算机辅助选择装配问题时,将信息素设定在节点上较符合实际。因此,本文采用将信息素分布为节点模式的构造模型,能够较好地解决动力电池装配时确保单体电池一致性的问题。

1）基于改进蚁群算法单体电池选配的解构造图建立

根据假设，某动力电池是由 N 个模组互相并联组成的，其中每个模组结构相同，都是有 n 节单体电池串联而成。由于单体串联一致性和并联一致性对参数要求不同，笔者提出一种带约束的双层蚂蚁遍历寻优方法，串联、并联进行分层寻优选配。在进行串联选配寻优（容量作为选配精度的条件）过程中，蚂蚁应选择 DCR 相同或相近的单体电池进行选配，作为约束。

我们将一块动力电池的所有单体电池参数偏差建立一个 $N\times n$ 的矩阵，如图 6-14 所示。蚂蚁遍历时，首先要开展行寻优（即串联单体寻优），将 $N\times n$ 中的每一行视为一个模组，每个模组的构成环数为 n。定义模组 o 的第 j 个组成环的第 i 个要选配的单体电池用节点 a_{ij} 表示，即 $o(j)=i$，如果要生产 C 台动力电池，则一共需要组成 $C\times N$ 个模组。定义 A_j 表示第 j 列的所有节点组成的集合，每只蚂蚁将在节点 $a_{ij}\in A_j$ 和节点 $a_{l(j+1)}\in A_{j+1}$ 之间的路径进行寻优，且寻优方向为单向，即从 a_{ij} 向 $a_{l(j+1)}$ 出发。为便于蚁群寻优，我们给蚂蚁定义一个虚拟的起始点 $A_0=\{a_0\}$。

按照图 6-14 所示进行行寻优（串联单体寻优）结束后，蚁群将再继续列寻优（并联模组寻优），即将每个行（模组）（共 N 个）当作一个“单体电池”（列选配环），进行寻优选配，此选配环的组成环数为 N，共组成 $C\times N$ 个选配链，寻优方法如上所述。

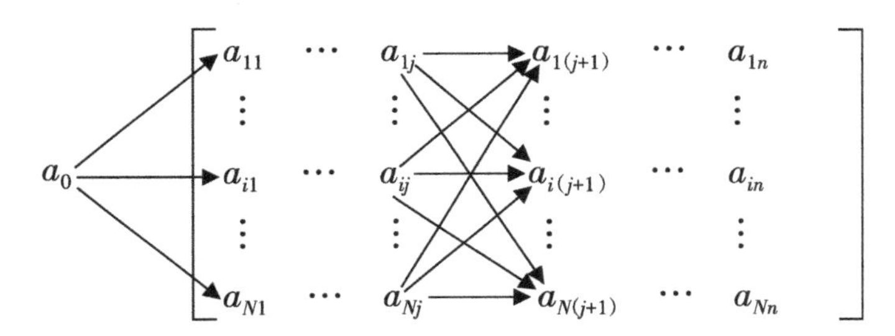

图 6-14　串联寻优的解构造图模型

2）基于改进蚁群算法单体电池选配的数学描述

在开展行（串联）寻优时，我们要求 t 时刻，蚁群中的每只蚂蚁要开始选择下一节单体电池，并在 $t+1$ 时刻所有的蚂蚁同时到达自己寻找的单体电池。由 X 只蚂蚁在区间 $(t,t+1)$ 内做的 X 次移动称为蚁群算法的一次迭代，当算法进行 n 次迭代后，每一只蚂蚁都将就完成一次完整的遍历。

假设蚂蚁在 $t=0$ 时从 a_0（虚拟起始点）出发，按遍历的规则，分步为选配链内的每一个模组选择一个合适的单体电池，并将此单体电池的编号放入禁忌表 $R[X-1]\ [n-1]$ 中，便可以构造出一个完整的选配链 o。在进行算法解构造的第 i 步，当蚂蚁 x 行进至节点 a_{ij} 时，且定义前面已构造好的部分节点序列（可行部分解）为 $o'=o\ (j)$ 时，蚂蚁在约束条件（DCR，根据实际问题要求定）下将选择访问节点 a_{ij} 的可行邻域：

$$N^x(a_{ij})=\{a_{l(j+1)} \mid l \notin o'\} \tag{1}$$

$l \notin o'$表示还没被蚂蚁访问的节点内的下一个节点 $a_{i(j+1)}(a_{i(j+1)} \in A_{j+1})$。约束条件：蚂蚁 x 应先判断此单体电池 $a_{i(j+1)}$ 的 DCR 是否与 a_{ij}一致，以此确保并联选优的直线性，然后再进行下一步选择。

定义 $P^x_{i(j+1)}(t)$表示蚂蚁 x 位于在按约束条件下已构造好的部分节点序列（可行部分解）$o'=o(j)$内，从节点 $a_{o(j)j}$移动到节点 $a_{i(j+1)}$的概率，其表达式如下：

$$P^x_{i(j+1)}(t)=\begin{cases}\dfrac{[\tau_{i(j+1)}(t)]^\alpha[\eta_{i(j+1)}(t)]^\beta}{\sum\limits_{\{l \mid a_{l(j+1)} \in N^x(a_{o(j)j})\}}([\tau_{l(j+1)}(t)]^\alpha[\eta_{l(j+1)}(t)])^\beta} & a_{i(j+1)} \in N^x(a_{o(j)j}) \\ 0 & a_{i(j+1)} \notin N^x(a_{o(j)j})\end{cases} \tag{2}$$

其中 $\eta_{ij}(t)$为能见度，是基于问题的启发式信息。其计算公式如下：

$$\eta_{i(j+1)}=\frac{c}{|y^x+y_{i(j+1)}-\Delta_0|} \tag{3}$$

本次迭代中，截至 t 时刻，规定第 m 只蚂蚁遍历的全部单体电池参数平均偏差为 y^x（说明：行寻优时指的是单体电池容量偏差，下同）；在 $t+1$ 时刻，第 m 只蚂蚁将要访问单体电池 $a_{i(j+1)}$，单体 $a_{i(j+1)}$ 的偏差记为 $y_{i(j+1)}$；c 是(0,1)间的常数；我们规定：若 $|y^x+y_{i,j}-\Delta_0|=0$，则 $P^x_{i(j+1)}(t)=1$。

定义 $\tau_{ij}(t)$为节点 a_{ij}在 t 时刻的信息素浓度，表示第 j 个模组选择第 i 个单体电池的期望程度。其更新方法如下：

$$\tau_{ij}(t+n)=\rho\tau_{ij}(t)+(1-\rho)\Delta\tau_{ij} \tag{4}$$

$$\Delta\tau_{ij}=\sum_{x=1}^{M}\Delta\tau^x_{ij}$$

$$\Delta\tau^x_{ij}=\begin{cases}\dfrac{\Phi}{|y_x-\Delta_0|},t\text{ 到 }t+n\text{ 之间第 }x\text{ 只蚂蚁过该单体电池} \\ 0,\text{其他}\end{cases}$$

其中 ρ 表示对应单体上的信息素目前的余量系数；对应的 $1-\rho$ 就是从 t 到 $t+n$ 时刻，单体节点上蚂蚁留下的信息素挥发系数；Φ 是一个常数；$y_x=\sum_{q=1}^{n}y^q_{ij}$表示第 x 只蚂蚁从开始到 $t+n$ 时刻的遍历长度，y^q_{ij}代表第 x 只蚂蚁在 $t+n$ 时刻将访问的单体参数偏差。规定：若 $|y_x-\Delta_0|=0$，则 $\Delta\tau_x\ ij=1$。

3）基于改进蚁群算法单体电池选配的寻优过程

行寻优过程如图 6-15 所示。算法在进行了 n 次迭代之后，每只蚂蚁在单体间遍历的长度 y_x 即可计算出，一般情况下，算法投放的蚂蚁要远远超过 N，因此我们要根据 $EI_0 \leqslant y_s \leqslant ES_0$ 的原则选取可用的蚂蚁遍历长度。根据前述定义，ES_0、EI_0 分别表示单体电池容量的上偏差和下偏差。假设一共有 S 个符合要求，我们将满足的 y_s 从小到大排列，若 $S \leqslant N$，则全部选用，否则，只选取前 N 个。

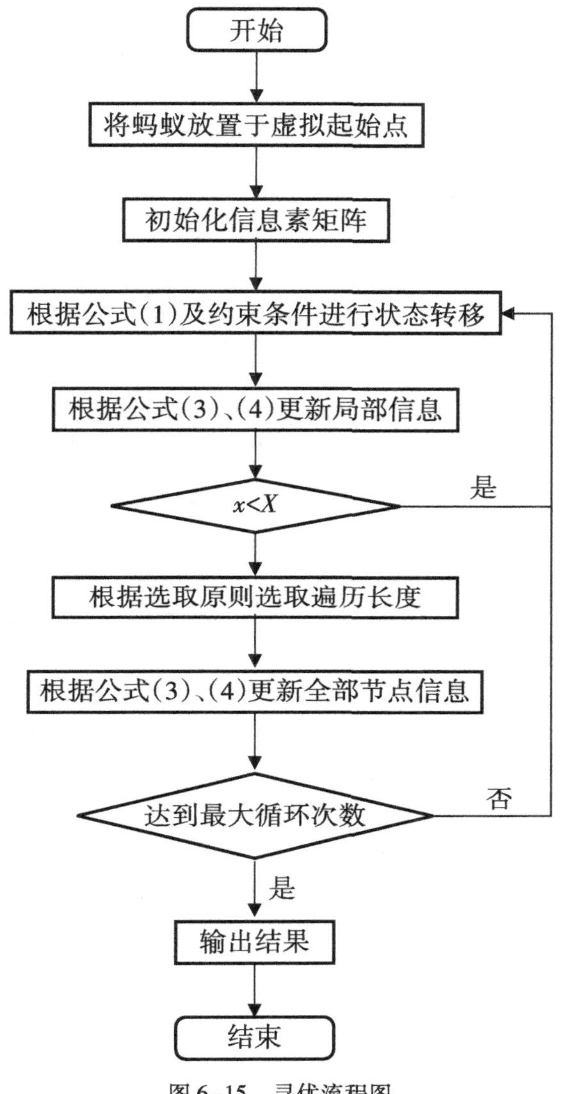

图 6-15　寻优流程图

将符合要求的 y_s、S 数值代入选配算法的目标优化函数求出 Q 值，将求出的 Q 值记录到数据栈中，即实现了算法的一次循环。此迭代过程不断重复，直到计数器达到由用户自己定义的最大值 NC_{max}。最后，比较每次循环求得的 Q 值，考虑综合因素，出现次数较多且较大的 Q 值可视为较优的选配组合。

行寻优（串联单体容量寻优）完成之后再进行列寻优（并联模组 DCR 寻优），列寻优方法与行寻优方法相同，只是每个项目只需一个模组即可。在列寻优过程中，也需要进行约束，蚂蚁在选择一个行模组作为列选配环时，首先需要比较相邻两个行模组中对应容量偏差是否相同或相近，确保单体电池容量的直线性，然后再开展列寻优。

5. 仿真实验分析

现要组装一个电压 60 V、容量 20 Ah 的动力电池，此动力电池由 18650 单体锂电池组装而成，单体电池电压为 3.7 V，容量为 2 000 mAh。为组装此动力电池，首先需要由 17 节单体电池串联组成一个模组（电压为 17×3.7 V = 62.9 V），然后将 10 个这样的模组并联，以实现容量要求（容量为 10×2 Ah = 20 Ah）。因此，该动力电池共需 170 节单体电池组装而成，如图 6-16 所示。若组装 10 台这样的动力电池，则共需 1 700 节单体电池，出厂时要求实测每节单体电池的参数。

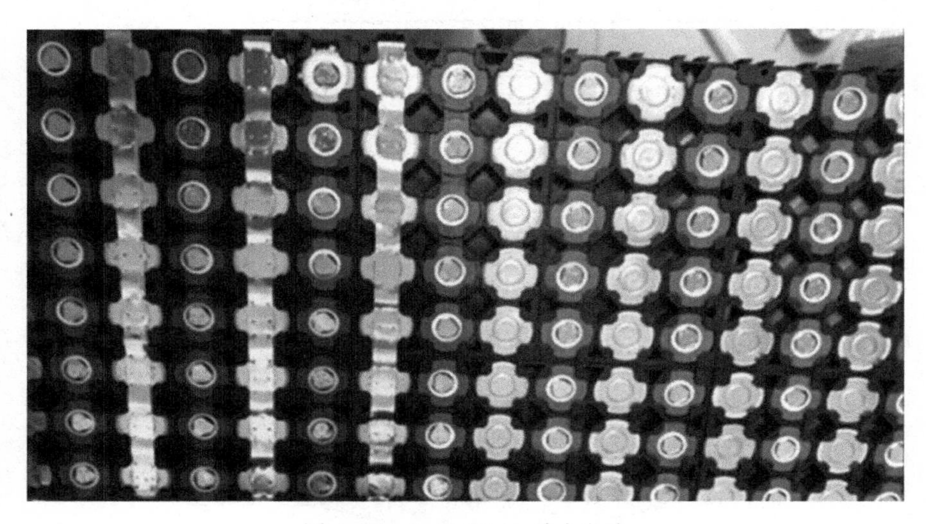

图 6-16　60 V、20 Ah 动力电池

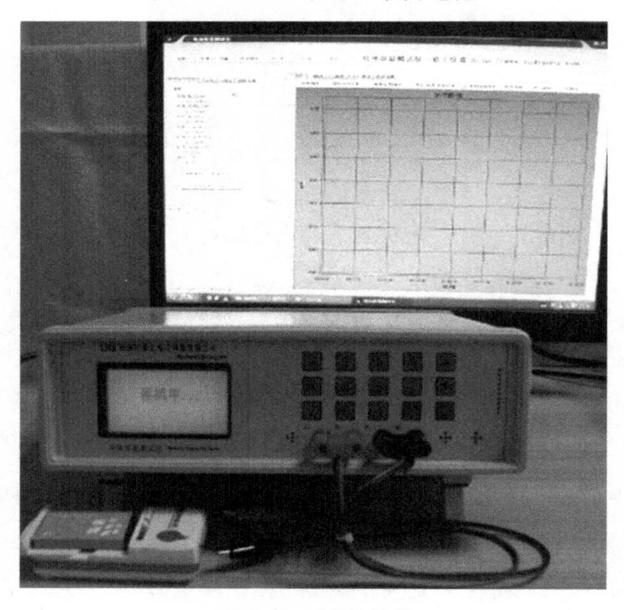

图 6-17　试验环境

我们以该动力电池为例，开展模拟仿真试验，如图 6-17 所示。国标《便携式电子产品用锂离子电池和电池组安全要求》（GB 31241—2014）第“12. 一致性要求”中虽明确规定单体电池应有足够的一致性，但是在“12.2 实验要求”中写到“实验要求正在考虑中”，因此国标并未明确指出一致性的标准。依据学者许海涛研究结论：认为单体电池容量差不大于 0.02 Ah、电压差不大于 0.001 V、内阻差不大于 0.01 mΩ 条件下，即可认为拥有足够一致性。

采用基于改进蚁群算法进行单体电池选配组装，首先建立一个 100×17 矩阵，作为节点模式的解构造图。使用 MATLAB 软件进行模拟仿真蚁群寻优过程，投放 500 只蚂蚁，蚁群先进行行寻优，选配出 100 个模组（每个模组由 17 节单体电池组成，单体电池容量保持一致性）。定义算法最大循环次数 $NC_{max}=300$，为计算简便设 $\lambda=\mu=1$，最终行寻优结果为：$\eta=100\%$，$\varepsilon=0.798$，$Q=0.798$。电池容量偏差的均方差为 $\sigma=0.0081$，串联单体电池一致性接近最好。如图 6-18 算法仿真结果，图 6-19 为算法寻优结果分布，由图可知，在寻优过程中算法没有陷入局部寻优困局，且算法收敛速率相对较快，短时即找到最优解。

算法离线达优率为 79.8%，平均达优率为 66.41%（达优率是指智能优化算法寻找的最优解趋于目标最优解的能力，其值越大意味着算法的优化性能越好）。鲁棒性是判断智能算法寻优过程的波动情况，在计算机辅助选择装配中，我们以智能算法所有迭代所寻找到的最优解的标准差与最优解目标值之比作为鲁棒性的判断指标（此指标数值越小，则鲁棒性越高，系统越稳定），本次算法鲁棒性指标为 35.7%，说明寻优过程较稳定。

列寻优（寻优之前需求出每个模组 DCR 均值）过程同行寻优相同，列寻优的判定条件是 DCR 的一致性，案例中需要将 DCR 一致或相近的 10 个模组选配出来组成一台动力电池，共选配组装 10 台动力电池。

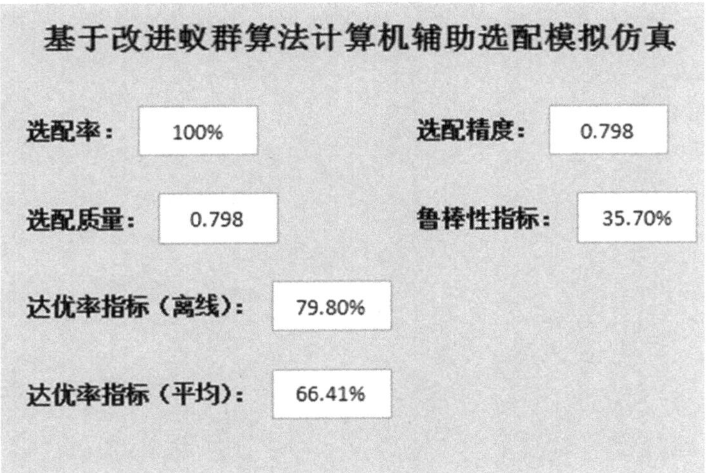

基于改进蚁群算法计算机辅助选配模拟仿真

选配率： 100%　　选配精度： 0.798

选配质量： 0.798　　鲁棒性指标： 35.70%

达优率指标（离线）： 79.80%

达优率指标（平均）： 66.41%

图 6-18　模拟仿真数据

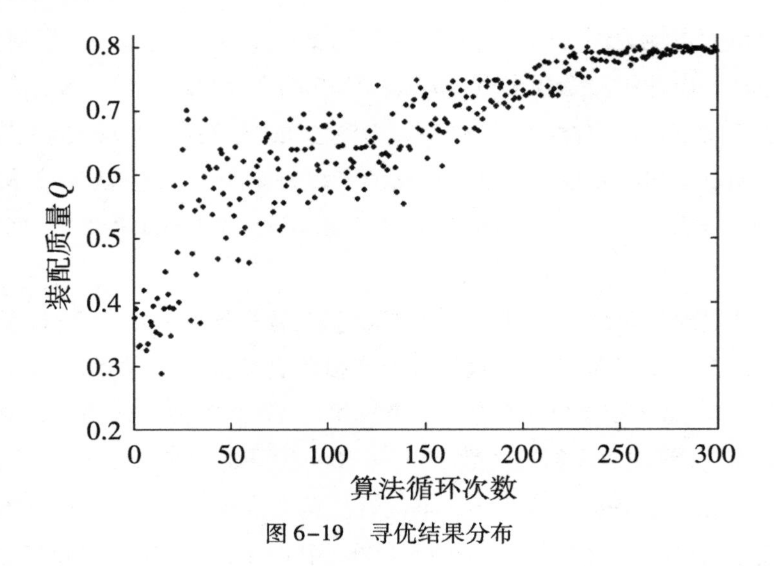

图 6-19　寻优结果分布

6. 结论

采取基于改进蚁群算法的智能选配方法来组装的动力电池，其各项技术参数远优于人工随机选配方法，动力电池质量较高。该方法适合动力电池和单体电池生产厂商共同使用，在生产单体电池时，使用智能测试仪测量各单体电池参数的实际偏差，并自动输入上位机处理软件。经过算法的自主计算，将仿真模拟出一个最优的选配组装方案。工人在出厂包装时，将最优组合对应的单体电池进行编号，统一包装在一起。动力电池组装时，安装人员须按着编号将匹配好的单体电池进行组装。按照本案例方法进行操作，将从源头确保单体电池的一致性，大大提高动力电池的寿命。

附 录

基于蚁群算法的计算机辅助选择装配主要程序：

```
#include "stdafx. h"
#include "iostream. h"
#include "math. h"
#include "stdlib. h"
#include "time. h"
#include"windows. h"
#define N 20
#define n 5
#define M 100
#definemaxNC 20
typedef int Tour[M][n+1];
typedef doubledoubleMatrix[N][n+1];
const double ALPHA=2.0, BETA=1.0, RHO=0.2;
const double EI=100,ES=350,T0=250,MT0=225;//MT0=(ES+EI)/2,T0=ES-EI
const doubleRand=0.7,u=1,v=1,Q=50;

void BubbleSort(double *pData,int Count)
{
  double iTemp;
  for (int i=1;i<Count;i++)
  {
    for(int j=Count-1;j>=i;j--)
    {
      if(pData[j]<pData[j-1])
      {
        iTemp=pData[j-1];
        pData[j-1]=pData[j];
        pData[j]=iTemp;
      }
    } }
```

```
}
void main()
{
    double P[N][n+1]={};
    doubleMatrix TAU;
    Tour tour;
    int k,i,j;
    double ETA,TO_PART[N],TOUR_PART[M],TOUR_P[N];
    double MAX_TOUR_P[M],TOUR_ALL[M],TOUR_PART_L[M],
    double ASM_RATE[maxNC],ASM_ACC[maxNC],ASM_QUA[maxNC];
    int MAX_INDEX[M],USE_NUM[maxNC];
    double Random[M];
    int random[M],CURRENT_TOUR,MIN_PART_INDEX,
    TOUR_ALL_INDEX[maxNC][M];
    for(j=0;j<n+1;j++)
    {
        for(i=0;i<N;i++)
        {
            TAU[i][j]=10.0;
        }
    }
    for(int NC=0;NC<maxNC;NC++)
    {
        USE_NUM[NC]=0;
        for(k=0;k<M;k++)
        {
            tour[k][0]=0;
            TOUR_PART[k]=0.0;
            TOUR_ALL[k]=0;
        }
        for(j=0;j<n;j++)
        {
            for(k=0;k<M;k++)
            {
                time_t tm;
```

```
    tm=time(NULL);
    srand(clock() * tm);
    random[k]=rand()%10;
    Random[k]=random[k]/10.0;
    Sleep(10);
}//产生 M 个随机数
for(k=0;k<M;k++)
{
    MAX_TOUR_P[k]=0.0;
    double ADD=0.0;
    CURRENT_TOUR=tour[k][j];
    for(i=0;i<N;i++)
    {
        TO_PART[i]=fabs(P[CURRENT_TOUR][j]+P[i][j+1]);
        if(TO_PART[i]-MT0==0)ETA=10000;
        ETA=1.0/fabs(TO_PART[i]-MT0);
        ADD+=pow(TAU[i][j+1],ALPHA) *pow(ETA,BETA);
    }
    for(i=0;i<N;i++)
    {
        if(TO_PART[i]-MT0==0)TOUR_P[i]=1;
        else
        {
            ETA=1.0/fabs(TO_PART[i]-MT0);
            TOUR_P[i]=pow(TAU[i][j+1],ALPHA) *pow(ETA,BETA)/ADD
        }
        if(MAX_TOUR_P[k]<TOUR_P[i])
            MAX_TOUR_P[k]=TOUR_P[i],MAX_INDEX[k]=i;
    } //计算转移概率
        if(Random[k]>Rand)
        tour[k][j+1]=MAX_INDEX[k];
    else
        tour[k][j+1]=2 * (random[k]%N);
        int maxi=tour[k][j+1];
        TOUR_PART[k]+=P[maxi][j+1];
```

```
            TAU[maxi][j+1]=RHO * TAU[maxi][j+1]+Q/TOUR_PART[k];
        }//end k
    }//end j
    for(k=0;k<M;k++)
    {
      TOUR_PART_L[k]=fabs(TOUR_PART[k]);
      for(j=1;j<n+1;j++)
      {
        for(i=0;i<N;i++)
        {
          if(i==tour[k][j])
            TAU[i][j]=RHO * TAU[i][j]+Q/TOUR_PART[k];
          else
            TAU[i][j]=RHO * TAU[i][j];
        }
      }
    }//更新信息素
    double MIN_PART=500,TOUR_PART_LL[M];
    int l=0;
loop:  for(k=0;k<M;k++)
    {
      TOUR_PART_LL[k]=fabs(TOUR_PART_L[k]-MT0);
      if(TOUR_PART_LL[k]<MIN_PART)
      {
        MIN_PART=TOUR_PART_L[k];
        MIN_PART_INDEX=k;
      }
    }
    TOUR_ALL[l]=MIN_PART;
    TOUR_ALL_INDEX[NC][l]=MIN_PART_INDEX;
    TOUR_PART_L[MIN_PART_INDEX]=5000;
    l++;
    if(l<M) goto loop;//排列路径长度
    cout<<"第"<<NC+1<<"次迭代的路径长度:"<<endl;
    for(k=0;k<M;k++)
```

```
    {
      if(TOUR_ALL[k]>=200&&TOUR_ALL[k]<=250)
      {
        TOUR_ALL[k]=TOUR_ALL[k];
        USE_NUM[NC]++;
      } else TOUR_ALL[k]=5000;
    }
    BubbleSort(TOUR_ALL,M);
    if(USE_NUM[NC]>N)USE_NUM[NC]=N;
    double AddSquare=0.0,SquareRoot;
    for(k=0;k<USE_NUM[NC];k++)
    { cout<<"("<<TOUR_ALL[k]<<")";
      AddSquare+=pow((TOUR_ALL[k]-MT0),2);
    } cout<<endl;
    SquareRoot=sqrt(AddSquare/USE_NUM[NC]);
    ASM_ACC[NC]=1-SquareRoot/T0;
    ASM_RATE[NC]=(double)USE_NUM[NC]/N;
    ASM_QUA[NC]=pow(ASM_RATE[NC],u)*pow(ASM_ACC[NC],v);
cout<<"装配率="<<ASM_RATE[NC]<<";"<<
    "装配精度="<<ASM_ACC[NC]<<";"<<
    "装配质量综合指标="<<ASM_QUA[NC]<<"。"<<endl; //计算装配质量指标
  cout<<endl;
}//end NC
  double MAX_ASM_QUA=0,MAX_ASM_RATE=0, MAX_ASM_ACC=0;
    int MAX_USE_NUM,CHOOSE_NC;
    for(NC=0;NC<maxNC;NC++)
    {
      if(MAX_ASM_QUA<ASM_QUA[NC])
      {
        MAX_ASM_QUA=ASM_QUA[NC];
        MAX_USE_NUM=USE_NUM[NC];
        CHOOSE_NC=NC+1;
        MAX_ASM_RATE= ASM_RATE[NC];
        MAX_ASM_ACC= ASM_ACC[NC];
      }
```

```
        }
        cout<<endl;
        cout<<"满足条件的匹配数为:"<<MAX_USE_NUM<<endl;
        cout<<"装配率为:"<< MAX_ASM_RATE <<endl;
        cout<<"装配精度为:"<< MAX_ASM_ACC <<endl;
        cout<<"装配质量综合指标为:"<<MAX_ASM_QUA<<endl;
        cout<<"装配路径分别为:"<<endl;
        for(int l=0;l<USE_NUM[CHOOSE_NC-1];l++)
        {
          for(j=1;j<n+1;j++)
          {
            cout<<tour[TOUR_ALL_INDEX[CHOOSE_NC-1][l]][j]+1<<"  ";
          }
        cout<<endl;
        }
    }
```

参考文献

[1] 廖秉训. 计算机辅助选择装配[J]. 机械工艺师,1996(5):15-16.

[2] 徐知行,丛文龙,唐可洪. 计算机辅助选择装配方法[J]. 吉林大学学报(工学版),2005(6):51-54.

[3] 徐知行,唐可洪,杨桂芝. 计算机辅助选择装配的技术经济评价[J]. 技术经济,1999(7):58-60.

[4] 吴昭同. 计算机辅助公差优化设计[M]. 杭州:浙江大学出版社,1999.

[5] 姜华,熊光楞,曾庆良. 面向装配的设计方法与技术研究[J]. 计算机集成制造系统-CIMS,1999(4):57-61.

[6] 顾廷权,高国安,徐向阳. 装配工艺规划中装配序列生成与评价方法研究[J]. 计算机集成制造系统-CIMS,1998(1):25-27,39.

[7] 王辉. 计算机辅助装配工艺规划技术研究[D]. 西安:西北工业大学,2003.

[8] 白芳妮. 数字化产品装配序列生成算法及相关技术研究[D]. 西安:西北工业大学,2000.

[9] 黄伟. 面向装配的计算机辅助公差分析及优化设计[D]. 合肥:安徽农业大学,2012.

[10] 田立中,马玉林,姬舒平. 装配尺寸链自动生成的研究[J]. 工程设计,2000(4):21-24.

[11] 朱大群. 计算机辅助装配工艺规划与 DFA 研究综述[J]. 江苏机械制造与自动化,2000(3):7-11.

[12] 牛新文,丁汉,熊有伦. 计算机辅助装配顺序规划研究综述[J]. 中国机械工程,2001(12):121-124,9.

[13] 苏强,林志航. 计算机辅助装配顺序规划研究综述[J]. 机械科学与技术,1999(6):1006-1009,1012.

[14] 殷晨波,钟秉林,易红. 计算机辅助装配顺序生成方法研究[J]. 机械工业自动化,1998(6):20-22,40.

[15] 杨鹏,刘继红,管强. 面向装配序列优化的一种改进基因算法[J]. 计算机集成制造系统-CIMS,2002(6):467-471.

[16] 刘嘉敏,张根保. 机械装配建模及其在自动尺寸标注和公差设计中的应用[J]. 机械设计,1998(8):41-44.

[17] 姜华,周济,王春和,余俊. 机械装配设计的关键技术[J]. 华中理工大学学报,1997(4):50-52.

[18] 谢龙,付宜利,马玉林. 基于复合装配图进行装配序列规划的研究[J]. 计算机集成制造系统,2004(8):997-1002.

[19] 季忠齐,童若锋,林兰芬,蔡铭,董金祥. 基于图论和启发式搜索的装配序列规划算法[J]. 计算机工程,2003(13):115-117.

[20] 邵锦文,马玉林,张振家,冯国泰,刘振德. 基于选配法的统计公差设计[J]. 机械设计,2002(12):46-49.

[21] 蒋君侠,朱征. 基于装配要求优化选择零件公差[J]. 制造技术与机床,2001(10):24-26.

[22] 杨波,黄克正,陈洪武. 面向装配设计过程中的优化方法[J]. 机械科学与技术,2004(7):820-824.

[23] 邱平基. 装配尺寸链在选择装配方法中的应用[J]. 龙岩师专学报,2004(3):39-41.

[24] 李磊,张军波,魏生民. 装配生产过程中装配序列调整研究[J]. 机械科学与技术,2002(6):988-990.

[25] 王峻峰,李世其,刘继红,钟毅芳. 计算机辅助装配规划研究综述[J]. 工程图学学报,2005(2):1-7.

[26] 牛新文,丁汉,熊有伦. 计算机辅助装配顺序规划研究综述[J]. 中国机械工程,2001(12):121-124.

[27] Fainguelernt D. Et al. Computer - Aided Tolerancing and Dimensioning in Process Planning[J]. Annals of the CIRP. 1995, 35(1):381-386.

[28] Michael W, Siddall J N. Optimization Problem with Tolerance Assignment and Full Acceptance[J]. ASME J. Mech. Des. 1981,103(12):842-848.

[29] Parksion D B. The Application of Reliability Methods to Tolerancing[J]. ASME Journal of Mechanical Dsign, 1982, 104(7):612-618.

[30] Lee W J, Woo T C. Optimum Selection of Discrete Tolerance[J]. ASME Journal of Mechanisms, Transmission and Automation in Design, 1989,111(6):243-251.

[31] L. I. Lieberman, M. A. Wesley. AUTOPASS: An Automatic Programming System for Computer Controlled Mechanical Assembly[J]. IBM J. R&D,1977,7:321-333.

[32] A. Bourjault. Contribution to a methodological approach of automated Assembly[J]. In Automation Methocology in Manufacturing Industry, Paris, France. 1985:50-82.

[33] Homen L, S, de Mello. Sanderson A, C. A correct and complete algorithm for the generation of mechanical assembly sequence[J]. IEEE Transaction on Robotics and Automation,1991,7:228-240.

[34] A. Bourjault. Contribution to a methodological approach of automated Assembly[J]. In Automation Methocology in Manufacturing Industry, Paris, France,1985: 12-46.

[35] T. L. De Fazio and D. E. Whitney. Simplified generation of all mechanical assembly

sequences[J]. IEEE Journal of Robotics and Automation, 1995, (6): 640-658.
[36] H. D. Mello, Sanderson. Representation of mechanical assembly sequence[J]. IEEE Transaction on Robotics and Automation,1991,7(2):211-277.
[37] A. Schweikard, R. h. Wilson Assembly Sequences for Polyhedra[J]. Algorithmica, 1995,13:539-552.
[38] Gottipolu,R. B and Chosh, K. An Integrated approach to the generation of assembly sequences[J],Int. J. of Computer Application in Technology, 1995, 8(3):125-138.
[39] A. Swaminathan and K. S. Barber, APE: An Experience-based Assembly Sequence Planner for Mechanical Assemblies[J]. Proceeding of IEEE Int, Conf, on Robotics and Automation,1995:1278-1283.
[40] 邢文训,谢金星. 现代优化计算方法[M]. 北京:清华大学出版社,1999.
[41] 邵锦文,张振家,马玉林,等. 并行组合模拟退火算法在计算机辅助选配系统的应用[J]. 机械设计,2002(11):39-41.
[42] 周恺,蔡颖,张振家. 一种新的数学模型在计算机辅助选择装配中的应用[J]. 新技术新工艺,2003(3):4-7.
[43] 温平川,徐晓东,何先刚. 并行遗传/模拟退火混合算法及其应用[J]. 计算机科学,2003(03):86-89.
[44] 刘晓路. 改进的遗传算法及其在 TSP 问题中的应用与研究[D]. 哈尔滨:哈尔滨理工大学,2011.
[45] 施光燕, 董存礼. 最优化方法[M]. 北京:高等教育出版社, 1999.
[46] 周开俊,李东波. 基于遗传模拟退火算法的产品装配序列规划方法[J]. 计算机集成制造系统,2006(7):1037-1041.
[47] 路飞,田国会,姜健,李晓磊. 用基于模拟退火机制的多种群并行遗传算法解 Job-Shop 调度问题[J]. 山东工业大学学报,2001(4):361-364.
[48] 刘以安,曹奇英,刘同明,高贵明. 基于遗传模拟退火算法的机动多目标数据关联问题研究[J]. 系统工程理论与实践,2001(9):67-72.
[49] 周明,孙树栋,彭炎午. 基于遗传模拟退火算法的机器人路径规划[J]. 航空学报,1998(1):119-121.
[50] 孙炜,吴伟民,陈志峰. 基于遗传模拟退火算法的图的三维可视化[J]. 广东工业大学学报,2002(1):37-41.
[51] 顾洁,陈章潮,包海龙. 混合遗传—模拟退火算法在电网规划中的应用[J]. 上海交通大学学报,1999(4):105-107.
[52] 康立山,谢云,尤矢勇,等. 非数值并行算法—模拟退火算法[M]. 北京:科学技术出版社,2000.
[53] 吴浩扬,常炳国,朱长纯,刘君华. 基于模拟退火机制的多种群并行遗传算法[J]. 软

件学报,2000(3):416-420.

[54] 刘勇,康立山,陈毓屏. 非数值并行算法(第二册)遗传算法[M]. 北京:科学出版社,2000.

[55] Metropolis N, Rosenbluth A, Rosenbluth M, Equation of state calculations by fast computing machines[J]. Journal of Chemical Physics,1953,21:1087-1092.

[56] 王笑蓉. 蚁群优化的理论模型及在生产调度中的应用研究[D]. 杭州:浙江大学,2003.

[57] Dorigo M,Gambardella L M. Ant colony system: A cooperative learning approach to the traveling salesman problem[J],IEEE Trans. Evolutionary Computation,1997,1(1):53-66.

[58] Dorigo M, ManiezzoV. The ant system: Optimization by a colony of cooperating agents [J]. IEEE Trans on SMC,1996,26:28.

[59] 李丽香. 一种新的基于蚂蚁混沌行为的群智能优化算法及其应用研究[D]. 北京:北京邮电大学,2006.

[60] 王会颖. 蚁群算法及群体智能的应用研究[D]. 合肥:安徽大学,2007.

[61] 刘志硕,申金升,柴跃廷. 基于自适应蚁群算法的车辆路径问题研究[J]. 控制与决策,2005(5):562-566.

[62] 黎锁平,张秀媛,杨海波. 人工蚁群算法理论及其在经典 TSP 问题中的实现[J]. 交通运输系统工程与信息,2002(1):54-57.

[63] 毕军,付梦印,张宇河. 一种改进的蚁群算法求解最短路径问题[J]. 计算机工程与应用,2003(3):107-109.

[64] 李士勇. 蚁群优化算法及其应用研究进展[J]. 计算机测量与控制,2003(12):911-913,917.

[65] 司马义买买提. 蚁群算法在组合优化问题中的若干应用及其收敛性研究[D]. 上海:上海交通大学,2008.

[66] 洪炳熔,金飞虎,高庆吉. 基于蚁群算法的多层前馈神经网络[J]. 哈尔滨工业大学学报,2003(7):823-825.

[67] 龚道雄,阮晓钢. 基于蚁群算法的基因联接学习遗传算法[J]. 计算机工程与应用,2004(26):10-15.

[68] 朱海梅,朱庆保,胡勇. 具有自适应杂交特征的蚁群算法[J]. 计算机工程与应用,2004(22):81-83,96.

[69] 王柏盛. C 程序设计[M]. 北京:高等教育出版社,2004.

[70] Walter Savitch. 周清,译. C++面向对象程序设计[M]. 北京:清华大学出版社,2003.

[71] 卫东华,许为群,等. Visual C++应用实战演练[M]. 北京:科学出版社,2003.

[72] 徐知行,刘向勇,周晓勤. 基于蚁群算法的选择装配[J]. 现代制造工程,2007(9):83-85,106.